森は消えてしまうのか？

エチオピア最後の原生林保全に挑んだ人々の記録_{プロジェクト・エスノグラフィー}

松見 靖子
MATSUMI Yasuko

はしがき

　国際協力機構（JICA）の報告書には、一番大切なことは書いていない。私が常々思っていることです。

　JICAは多くの途上国で、実に多様な開発援助のプロジェクトを行ってきました。そしてそれぞれのプロジェクトについて、成功や課題、教訓をとりまとめた評価報告書を累次作成してきました。しかしながら、この評価報告書は、プロジェクトを定められた枠組みに基づき分析し、事業評価報告書としての役割を果たす一方で、プロジェクトの現場の試行錯誤、重大な意思決定の経緯やプロセスを十分に伝えるものではありません。

　国際開発の現場では、多くの人が知恵をしぼり、試行錯誤し、切磋琢磨しています。特に、日本の協力現場では、専門家、ボランティア、コンサルタント、JICA現地事務所のスタッフがそれぞれに、途上国の行政官、市民、村人と協働し、汗を流している。ここに日本型協力の真髄があります。しかしながら、この真髄は、プロジェクトの報告書ではなかなか伝えきれないものです。エチオピアの森林保全のプロジェクトをテーマとした本書は、この真髄にプロジェクト・エスノグラフィーという手法を用いて迫った物語です。

　本書に登場するJICAの専門家、国連食糧農業機関（FAO）の専門家、日本とエチオピアの民間企業や、コンサルタント、プロジェクトスタッフ、エチオピア森林公社などの関係者、JICA事務所や本部のスタッフ、だれもが現場において悩みに悩み、一つの決定や決心を重ねる。何が正解か、必ずしも明らかではない中で、多くの人の出会いと叡智が交差し、新たなやり方や工夫が生み出されていく。その結果は必ずしも予想していたものとはならないかもしれない。しかしながらそのプロセスを通じてエチオピア側にはさまざまな

レベルで変化が起きているのです。私はこの変化が、やがてその国を変えていく可能性につながるものだと信じています。

　また、本書は自然環境の保全という人類が抱える課題の大いなる難しさを描くものでもあります。森林や湿地の減少、沿岸生態系の劣化、土壌劣化、生物種の絶滅など自然環境の破壊が急速に進む中、これを如何にして食い止めるか。自然環境の保全が世界の未来のために重要だということに異議を唱える者はいない一方、これを実現することは想像以上に困難です。なぜなら、その実現には、一人ひとりの生活を変えることが必要であり、特に途上国において人々の生活がその自然環境に深く依存している場合、理想的な変化を促すことはなおさら難しいのです。

　エチオピアの森林を守るためには、そこに住む人々の生活を良くすることが重要です。そのために森林に暮らす人々による森林管理組合を設立し、農業技術の普及による農業生産性の向上を目指すファーマーフィールドスクールを行い、さらに天然林内で収穫されるフォレストコーヒーのプレミアム価格による収入が一役を果たす仕組みをつくりました。こうしたプロジェクトの取組みは、それまでのJICAの環境保全の取組みと比較して、また民間セクターとの連携という意味でも画期的なものです。しかしながら、エチオピアの森から世界の市場に出ていくことのチャレンジは想像以上に困難な道でした。また、世界の市場に出ていくことで得られる経済的なインセンティブは、森林の保全をかえって損なう可能性もあるもろ刃の剣です。JICAは、この仕組みが持続可能なものとなるよう協力を続けています。その最終的な成果が明らかになるには、まだ時間を要するでしょう。

　本書はJICA研究所の「プロジェクト・ヒストリー・シリーズ」第11弾です。多くの読者各位に本書をご一読いただき、そこからそれぞれのご関心に応じてさまざまなメッセージを読み取って頂ければ幸いです。

JICA研究所所長
畝　伊智朗

目次

はしがき ……………………………………………………… 2

プロローグ
森を守っても生活は良くならない ……………………… 9

第1章
最後に残された森を救え！ ……………………………… 15
1. 失われゆくエチオピアの森 ………………………………… 17
   - アフリカ最古の独立国 …………………………………… 17
   - エチオピアの自然破壊の歴史 …………………………… 18
   - 対立する住民と森林行政 ………………………………… 20
   - 「参加型森林管理」の登場 ……………………………… 21
   - 森林官ムハマド・セイド ………………………………… 22
   - アダバ・ドドラの住民参加モデル ……………………… 23
   - 森林減少が止まった！ …………………………………… 24
2. プロジェクトの始まり ……………………………………… 25
   - ムハマド・セイド、プロジェクト・マネージャーに任命さる … 25
   - ベレテ・ゲラの森と人々 ………………………………… 27
   - カバレとシャネ …………………………………………… 29
   - 住民がプロジェクトを信じてくれない ………………… 30
   - コーヒーも蜂蜜もない森は嫌だ！ ……………………… 31
   - 「ワブブ」の誕生 ………………………………………… 32
   - エントリーポイント活動の試行 ………………………… 33
   - 最初のワブブができるまで ……………………………… 35
   - ワブブの権利と義務 ……………………………………… 37

第2章
最初の危機を乗り越えて ………………………………… 39
3. プロジェクトが打ち切られる？ …………………………… 41
   - 援助する側の責任 ………………………………………… 41
   - 自助努力を引き出す援助 ………………………………… 42

人生を変えた車内広告…………………………………… 43
　　チラでの生活………………………………………………… 46
　　ローカルコストとオーナーシップ………………………… 47
　　勝田幸秀の覚悟……………………………………………… 49
　　エチオピア側の譲歩を引き出す…………………………… 50
　　最後の判断は現場に委ねる………………………………… 52
　　「ミッシングピース」を埋める …………………………… 53

4. 新たな戦略 …………………………………………………… 54
　　仕掛け人、萩原雄行………………………………………… 54
　　ジンマへの道………………………………………………… 55
　　コーヒー発祥の地…………………………………………… 57
　　コーヒーセレモニー………………………………………… 59
　　わしらの生活は何も変わらない…………………………… 62
　　二つの秘策と戦略の青写真………………………………… 63
　　木を切らないことで収入が増える………………………… 65
　　どこまで普及するのか？…………………………………… 66
　　「モデル集落」vs「全村アプローチ」…………………… 69
　　フランチャイズ方式………………………………………… 70
　　広く浅く普及する…………………………………………… 71
　　村落開発普及員は本当に役に立たないのか？…………… 73
　　ムハマドの貢献とジレンマ………………………………… 75
　　三つの「持続可能性」……………………………………… 77
　　西村の決意、萩原の覚悟、中村の心得…………………… 79

5. ワブブをはじめる …………………………………………… 80
　　ワブブの「組織化」と「機能化」………………………… 80
　　継続の承認、そしてボタンの掛け違いのはじまり……… 82
　　吉倉利英、グラ集落に入る………………………………… 83
　　地図では測れない距離……………………………………… 84
　　境界地点を目指して………………………………………… 86
　　住民との対立発生…………………………………………… 88

第3章
自律して活動する農民を育てる ……………………… 91

6. ファーマーフィールドスクールを見に行く ……………… 93
- 相棒からの電話 …………………………………………… 93
- 「壁のない学校」 …………………………………………… 94
- 農民ファシリテーター ……………………………………… 96
- なぜファーマーフィールドスクールなのか？ …………… 97
- ベレテゲラチーム、ケニアへ行く ………………………… 98
- 青空教室を見学する ……………………………………… 100
- ホストファームで試すメリット …………………………… 102
- 農民こそがエキスパート ………………………………… 103
- フィールドスクールをやって良かった！ ………………… 104
- ムハマド・セイドと小川慎司 …………………………… 106

7. ファーマーフィールドスクールをはじめる ……………… 108
- ベレテ・ゲラに合ったFFSモデルを考える …………… 108
- ファシリテーターを育てる ………………………………… 110
- FFSセッション始まる …………………………………… 111
- フィールド・デイ …………………………………………… 113
- 「卒業証書」はあんたたちの畑だ！ ……………………… 115

8. ファーマーフィールドスクールで何が変わった？ ……… 116
- 農民が変わった …………………………………………… 116
- 普及員も変わった ………………………………………… 119

第4章
プロジェクトの命運を握るコーヒーの原生林 ……… 121

9. 認証コーヒーで森を守る ………………………………… 123
- バッダ・ブナとオロモの暮らし …………………………… 124
- レインフォレスト・アライアンス ………………………… 127
- ハラールのアセファ・ティグネ …………………………… 128
- グループ認証方式を採用 ………………………………… 130
- コーヒープログラムの参加条件 ………………………… 131
- スムーズに進んだ認証取得 ……………………………… 132

もう一人の協力者	134
協力するのはあたり前	135
チャリティに頼らない仕組みをつくる	136

10. 暗礁に乗り上げるコーヒープログラム　137
　困難な道の始まり　137
　残留農薬、見つかる　138
　これ以上は無理だ　140
　西村勉の挑戦　142
　多くの課題には正解がない　143
　吉倉利英の苦悩　145
　お調子者のウォンドセン　146
　オバシャリコ村事件　148
　カフェネイチャー　ワイルドベレテゲラ　149
　バリューチェーンの完成　151

第5章
積み残されていた課題　153

11. 森林行動計画をつくる　155
　計画続行か？　ワブブの機能の強化か？　155
　住民代表から反対意見が噴出　156
　行動計画コンセプトのズレ　157
　行動計画の妥協点を探る　158

12.「自立」へのハードル　160
　「出口戦略」を考える　160
　3代目チーフアドバイザー　161

13. 遅れて育ったオーナーシップ　163
　専門家の重圧　163
　「一緒にやる」ことを重視する　164
　ファーマーフィールドスクールのその後　167

第6章
オロミアの森の赤いダイヤモンド ………………………………… 171
14. ベレテ・ゲラをブランド化する ……………………………… 173
- コーヒーが売れない ……………………………………………… 173
- 何が「公平」なのか ……………………………………………… 174
- ガーデンコーヒーとフォレストコーヒー ……………………… 176
- UCCとのパートナーシップ …………………………………… 177
- モカらしくないモカ ……………………………………………… 179
- 中平尚己とベレテ・ゲラの出会い ……………………………… 180
- コーヒーの森へ …………………………………………………… 181
- 品質を低下させる原因 …………………………………………… 183
- スペシャルティ・コーヒーの誕生 ……………………………… 185
- オロミアの森の赤いダイヤモンド ……………………………… 187

15. そして、すべての集落でワブブ設立完了！ ………………… 188

エピローグ
森は守られるのか？ ……………………………………………… 191
- フォレストコーヒーは森を守れるのか？ ……………………… 193
- ベレテ・ゲラ再訪 ………………………………………………… 195
- ベレテ・ゲラが残したもの ……………………………………… 196

あとがき …………………………………………………………………… 199
解説 ……………………………………………………… 佐藤　寛 203
参考文献・資料 …………………………………………………………… 205

プロローグ

森を守っても生活は良くならない

プランテーション開発のために伐採された大木　　　写真：西村勉

プロローグ　森を守っても生活は良くならない

『森を守っても、わしらの生活が良くなるわけじゃない…』

国際協力機構（JICA）から、ある自然資源管理プロジェクトの立て直しを依頼された萩原雄行は、初めて訪れたエチオピアの山あいの寒村で、村人がぽつりとこぼした言葉を聞いていた。

その言葉は、萩原たちがこれから取り組んでいかなければならないプロジェクトが抱える課題の難しさを物語っていた。

開発途上国の貧しい山村で暮らす人々は、貧しさゆえに、生活の基盤である自然資源を収奪的に利用し、急場をしのいで生きていくしかない。資源の利用が自然の回復力を上回るペースで進めば、森林が破壊され、資源が枯渇し、土地の生産力が低下する。すると、人々はますます貧困に苦しむという負の連鎖に陥る。貧困は環境破壊の「原因」であり「結果」である。

生存をかけた人々のこのような行動を、法による規制や契約だけで制限することはできない。そこで大抵の森林保全事業では、人々が自発的に森を守りたくなるように、何か経済価値の高い「林産物」を探そうとするのだが、普通の森の中には、それほど付加価値をつけて売れるモノは見つからない。これまでに多くの自然資源管理事業に関わってきた萩原は、同じような理由でうまくいかないプロジェクトをたくさん見てきた。

森林保全と住民の生活ニーズの充足という、ともすれば対立しがちな目的を両立できるかどうかは、森に依存して生きている人々が『木を切らなくても生活していける』、あるいはもう一歩考えを進めて『木を切らないほうが生活が良くなる』ような仕組み作りができるかどうかにかかっている。

では、そもそも、なぜ私たちは森を守らなければならないのだろうか？

それは森林が地球公共財だからである。森林には、地球生態系のバランスを保つためのさまざまな機能があり、人間を含む地球上のすべての生物がその恩恵によって生かされている。木材や林産物といった私たち

にとって有用な物資の供給はもちろんのこと、水を蓄え安定的に供給する水源涵養機能、二酸化炭素を吸収・蓄積し地球温暖化を防ぐ機能、土壌の栄養分を保持する機能、洪水や土砂崩れといった自然災害を防ぐ機能、野生動植物種の多様性を保全する機能、そして文化活動やレクリエーションの場を提供する機能などである。

　約1万年前、世界は約62億ヘクタールの森林に覆われていたと推定されている。それが文明の発達と人口の増加により減りつづけ、現在では約40億ヘクタールにまで減少してしまった。森林は全陸地面積の約3割、地球全体では約1割を占めている。

　国連食糧農業機関（FAO）の報告によると、世界の森林は年間520万ヘクタールの割合（2000～2010年の平均値）で減り続けている。これは7年で日本の総面積に達するペースだ。森林減少は南米やアフリカなどの熱帯地域でより著しく、そのほとんどが開発途上国と呼ばれる国々に位置している。その熱帯林地域には、地球上の動植物種の5～8割が生息しているともいわれ、人類にとっても貴重な遺伝子資源の宝庫となっているのだが、そのうち、毎日100種が確認されないままに消失していると推定される。

　近年では、地球温暖化対策を話し合う国際的な議論（国連気候変動枠組条約）の中で、開発途上国における森林減少・劣化による二酸化炭素の排出量は、人間活動による排出量全体の約2割を占め、化石燃料の使用に次ぐ大きな排出源となっていると報告された。そのため熱帯地域での森林減少・劣化を抑制し、持続的な森林経営を進めることによって、世界の温暖化ガスの排出の相当量を効率的に削減できるといわれているのだ。熱帯林を守ることは、その国だけの問題にとどまらず、人類すべての生命を取り巻く地球生態系の保全につながる。

　国連や先進国の援助機関は、途上国への開発援助の一環で、早くか

ら熱帯地域の森林保全や植林などの支援を行ってきた。日本の海外森林協力は、政府開発援助（ODA）の実施機関であるJICAが、1976年にフィリピンで始めた大規模な植林事業が最初である。その後、協力はアジア諸国を中心に広がり、1985年には、ケニアでアフリカ初となる社会林業プロジェクトが始まった。エチオピアで最初の森林協力は、1996年の「南西部地域森林保全計画調査」であり、この時に作られた森林保護区の管理計画が基礎となり、本書のテーマである「ベレテ・ゲラ参加型森林管理プロジェクト」が2003年に始まった。

プロジェクトの目的は、エチオピアにわずかに残された天然林地域の一つベレテ・ゲラ森林保護区で、住民と行政が協働して進める持続的な森林管理体制を作り上げることだった。

2003年10月に始まった第1期の「パイロット集落フェーズ」では、長年にわたる森林行政への不信感から、住民がなかなかプロジェクトに協力してくれなかった。そこで住民の間でニーズが高い村落振興活動を取り入れ、森林保全にも関心を持ってもらうように働きかけたのだが、その説明が不十分なうちに物的支援が先行してしまい、かえって依存心を助長することにつながってしまった。

それでも、「ワブブ」（WaBuB）といわれる独自の参加型森林管理組合のモデルを考案し、二つのパイロット集落と暫定的な森林管理契約を結ぶことができた。だが、そのモデルをほかの集落にも広げていく方策を欠いていたことや、現場活動の遅れ、そして何よりエチオピア側の事業主体であるオロミア森林公社の消極的な姿勢が問題視されていた。

そこで、2006年に始まった第2期の「普及フェーズ」では、森林保護区内のすべての集落でワブブを設立し、自立して活動できる住民組織を育てていくという「全村アプローチ」にプロジェクト戦略を大きく変更した。同時に「ファーマーフィールドスクール」（FFS）という技術普及手法を通

じた農業の生産性向上、さらに天然林に自生するフォレストコーヒーに、国際認証による付加価値をつけて輸出するという二つの生計向上活動を取り入れ、森林への圧力を軽減しようとした。これらのアプローチには、従来の森林保全事業ではあまり見られなかったユニークな側面があり、プロジェクトはアフリカにおける参加型自然資源管理の成功事例として、しだいに注目を集めるようになっていった。

　——事業の実施戦略は素晴らしい。そのうえすべての集落でワブブを設立するという目標も達成されつつある。

　そんな賞賛を浴びる一方で、広大な森林保護区の全域をカバーするために急激に活動の前線を広げていった結果、活動の質の低下も指摘されるようになった。想定外の障害に次々と直面し、それによってワブブの組織強化や森林行動計画の実践が大幅に遅れた。プロジェクトに対する森林公社のオーナーシップを引き出す努力は続けられたものの、さまざまな要因が絡んで満足な協力は得られずにいたのである。

　このままではプロジェクトが終わったあと、住民との参加型森林管理の枠組みを森林公社に引き継ぐことができないかもしれない。残された課題に取り組むため、第3期の延長フェーズが始まった。再び実施方針を見直し、今度は活動の質に重点を置き、プロジェクトの「出口戦略」として、森林公社のオーナーシップの醸成とスムーズな業務委譲を図ろうとしたのだが…。

　果たしてプロジェクトは、「森を守ることで生活が良くなる」という仕組みをつくることができるのだろうか。

　この物語は、失われゆくエチオピアの原生林の一つベレテ・ゲラの森と、そこに暮らす人々の暮らしを守るために、国や組織の垣根を超えて協力しあい、時には確執をも乗り越え、それぞれの立場、役割から現場を支え続けた人々の、3,104日間に及ぶ活動の記録である。<ruby>活動の記録<rt>プロジェクト・エスノグラフィー</rt></ruby>

第1章

最後に残された森を救え！

1. 失われゆくエチオピアの森

アフリカ最古の独立国

「アフリカの角」とも呼ばれるアフリカ大陸東部に位置するエチオピア連邦民主共和国は、北東側をエリトリア、ジブチ、ソマリアによって紅海と隔てられ、西は南・北スーダン、南はケニアと国境を接する内陸国である。

歴史と伝統のあるアフリカ最古の独立国でもあり、伝説によれば、旧約聖書に登場するシバの女王とエルサレムのソロモン王との間に授かった王子メネリク1世が、紀元前10世紀に建国したとされている。

その後、諸侯公時代などを経て、19世紀末にメネリク2世によって統一されたエチオピア帝国は、アフリカの多くの地域がヨーロッパ列強に分割統治される中、イタリアの保護領となったエリトリアを緩衝地帯とすることで独立を維持した。日本の皇室とも交流があり、第2次世界大戦前には、最後の皇帝となったハイレ・セラシエ1世の特使が、国賓として日本を訪れている。

1974年には軍事クーデターにより同皇帝を廃位した社会主義政権が成立するも、長きにわたる内戦の末1991年に崩壊する。1995年の憲法改正によって、現在の11州で構成される連邦民主共和国になった。

東方キリスト教の一宗派のエチオピア正教徒が人口の約半数を占め、イ

古代エチオピア文字による聖書　　　　　　　　写真：筆者

スラム教徒が約3割、そのほかのキリスト教諸派、ユダヤ教徒、伝統的なアニミズムなどを信奉する人々が暮らしている。民族はオロモ人が35％、アムハラ人が27％、そのほかティグレ人、ソマリ人など約80の民族から構成される多民族国家である。

アラビア語やヘブライ語と同じセム語族に属するゲエズ語（古代エチオピア語）から発展したアムハラ語は、アフリカの言語の中では唯一固有の文字を持つ。連邦の公用語はそのアムハラ語だが、本書の舞台となるオロミア州（連邦11州の中で最大面積・人口を擁す）では、独自の公用語としてオロモ語が使われている。

エチオピアの自然破壊の歴史

エチオピアは、国土の大部分が標高1,500メートル以上の高地にあり、最高峰は、シミエン国立公園のラスダシャン峰（4,620メートル）で、世界自然遺産にも登録されている。紅海沿岸のジブチから南のマラウイ湖まで、7,000キロにわたりアフリカ東部を縦断するグレートリフトバレー（大地溝帯）が、国土を西部のアビシニア高原と東部のハラール高原に分断している。

アフリカ大陸の中央から湿った空気を運んでくる赤道西風は、アビシニアの高原地帯に年間1,200〜2,000ミリの雨をもたらし、豊かな植生を育てていた。1世紀ほど前まで、エチオピアは国土の半分を森林で覆われていたともいわれるが、それも過去数十年の間に急速に失われ、1割程度にまで減少してしまった。この国は世界で最も急激に森林を失った国の一つといわれ、良質の天然林は、今や南西部に3％程度しか残っていない。しかも、そのほとんどがオロミア州に集中しているのだ。

森林減少の最大の要因は、急速な人口増加にある。エチオピアは、サブサハラ・アフリカ（サハラ砂漠以南のアフリカ）では、ナイジェリアに次いで2番目の9,500万人という人口を擁し、その増加率は、年2.9％に達する。1960年に2,200万人だった人口は、50年で4倍以上に増えた計算

になる。人口増加にともなって、家畜の数も増える。人々は薪を切り出し、森林を焼き払って畑や牧草地に変えていった。

大地を覆っていた森がなくなり、剥き出しになった高地の斜面に大量の雨が降ると土壌浸食が加速される。土地の生産性が低下し耕作不適地となると、さらに森林が伐採され農地に転用される。緑が減ると雨も減り、慢性的な干ばつと飢饉が繰り返される。

「アフリカの角」は、干ばつ・飢饉の常襲地域でもあり、1980年代半ばに発生し20世紀最悪といわれたエチオピア大飢饉では、40〜100万人が命を失ったともいわれている。このような干ばつの被害は、北西部高地の人口過密地帯が一番激しく、社会主義時代の政府は1970〜1980年代にかけて、人口圧力の軽減と飢餓対策の一環で、この地域の住民を、比較的人口が少ない南西部に複数回にわたって強制移住させてきた。アムハラ人を中心とする北西部の農耕民は、森林資源の採取や狩猟・放牧で生計をたててきた南部民族と異なり、森に特別の価値を見いださず、農耕の邪魔になる立木は残らず伐採していった。

エチオピアの開発と自然破壊の歴史は、このように北から南へ順に森林を伐りつくし、土地の生産力を食い潰しては、新たな開拓地をもとめて南下するという持続性を欠いたものだった。

森林を伐採しつくし、山の上まで農地転用が進んだ北部高原地域
写真：筆者

対立する住民と森林行政

『今のうちに手段を講じて、森林減少に歯止めをかけなければ、エチオピアの森は20年のうちに消失してしまうだろう』

国連食糧農業機関（FAO）の警告を受け、国有林の整備に乗り出したエチオピア政府は、1989年までに58カ所の森林保護区を指定した。その後、それぞれの保護区に適した管理計画をつくる予定だったが、社会主義政権末期だった当時の政府にそんな余裕はなく、技術的な制約も加わって、ほとんどの保護区が官報による公示すらされないままに放置されていた。

1994年に連邦民主制がスタートすると、新政府は、外国の援助機関や国際NGO（非政府組織）に、森林保護区の管理計画づくりとその実施の支援を求めた。スウェーデンやドイツのほか、日本にも技術協力の要請が送られてきた。これに応えるかたちで国際協力機構（JICA）が支援をしたのが、1996年から2年かけて行われた「南西部地域森林保全計画調査」だった。この調査では、南西部のオロミア州、ガンベラ州、南部諸民族州の3州にまたがる約270ヘクタールの森林地帯の位置図を作成し、さらに重点調査地域として、ベレテ・ゲラ森林保護区の管理計画をつくった。しかし、新政府にもこれを自力で実行に移す資金も組織力もなく、計画は棚上げされた。日本が再び支援に乗り出し、住民参加型の森林管理が試行されるまでには、さらに4年の歳月を待たなければならなかった。

1994年には、国の森林基本政策ともいえる「森林の保全、開発、利用に関する国家告示第94/1994号」も公布されている。この告示により、国有林の管理は州に移管され、『州政府のしかるべき機関は、いかなる森林も保全林と定めることができ、その区域内での木の伐採、生産物の利用行為は禁止される』ことになった。これによって、森林保護区が指定される前からそこに住み、慣習的なルールに従って森の資源を利用・管理してきた住民は、公式には違法居住者になってしまった。

それまでのエチオピア政府の森林管理方針といえば、国有林を中央で

一括管理し、民間企業などに開発権を与えて大規模な植林で収益を上げる一方で、天然林が多く残る地区では、地域住民を追い出し、フォレストガード（森林警備員）を配備して、不法侵入者を取り締まるという警察的アプローチをとってきた。このような政策の根底には、『住民は森林破壊の元凶であり、健全な森林経営のためには、排除すべき対象』だと考える森林行政官の職業的偏見があった。

フォレストガードは、住民の中から雇われ、森林管理の専門的な教育も受けていなかった。賃金も安く、仲間の農民に対して森林保全を訴えたり、違法行為を取り締まるといった意欲はない。仮に、違反者を見つけて通報しても、村の委員会では、これを罰する行政手続きや法令を順守させる能力も欠いていた。フォレストガードがいなくなると、住民はまた森に入っていくというイタチごっこが続くだけだった。

「参加型森林管理」の登場

一方、当時の世界的な開発の潮流では、1980年代から発達してきた「社会林業」と「参加型開発」のコンセプトが結びついた「参加型森林管理手法」が注目を集めはじめていた。持続的な森林経営のためには、計画から実行に至るまで、資源管理のあり方に最も影響を受ける地域住民の理解と協力が欠かせないという考え方が主流になってきたのだった。

ほかの国からは少し遅れをとったものの、エチオピアでも1990年代後半から外国の援助機関の要請に応じるかたちで、参加型アプローチを取り入れた森林管理が徐々に実践されるようになってきた。

エチオピアで最初に参加型森林管理を導入したのは、イギリスに本部を置く国際NGOであるファーム・アフリカの「チリモ・ボンガ参加型森林管理プロジェクト」（1996年）と、ドイツ技術協力公社の「アダバ・ドドラ総合森林管理プロジェクト」（1998年本格フェーズ開始）である。そのほかにも、オランダ政府が出資し、世界自然保護基金（WWF）が行う「バレ山脈

国立公園保全プロジェクト」（1999年）、イギリスのNGOのSOSサヘルによる「ボレナ共同森林管理プロジェクト」（1999年）などが続いた。

　このように、参加型森林管理プロジェクトが急激に増え、さまざまなモデルが試行されたが、その成果はまちまちだった。住民による違法伐採が見つかっても、森林公社にこれを止める行政能力がなく放置されていたり、森林境界線に法的根拠がないため、利用権をめぐって森林公社が住民から訴えられるといった事件も発生していた。

森林官ムハマド・セイド

　オロミア州森林公社のジンマ県支所に勤務するムハマド・セイドは、森林専門官として30年近いキャリアを持つベテランだ。シャシャマネ県のウォンドガネット林業大学で、森林と野生動物生態系について学んだ。この大学は、スウェーデン政府の援助で建設された学校で、授業はすべて英語で行われていたため、早くから流暢な英語力を身につけることができた。

　森林官としてのキャリアのスタートをきったのは、現在では、エリトリア領になっている紅海沿岸の港町マッサワだった。マッサワは、年間平均気温が世界で最も高い都市の一つで、夏場は気温が摂氏50度を超える。年間降雨量は200ミリに満たない乾燥地だが、紅海沿岸にあるため、平均湿度は70％以上に達する。年間を通じて温暖で雨が多いジンマで育ったムハマドにとっては、灼熱地獄のようなところだった。そんな土地で、7年間、乾燥耐性樹種の植林や土壌と水の保全の事業を担当していた。

　転機が訪れたのはマッサワに赴任して6年目の1990年2月のことだった。町はエチオピアからの分離独立を目指すエリトリア人民解放戦線の奇襲攻撃にあい陥落した。唯一残されていた軍港を失った政府軍は、市街地への空爆を繰り返し、市民の命と生活に多大な損害を与えたという。ムハマドは、町の中心部から離れた植林地にいたため、運よく難を逃れることができた。

　翌年、エリトリアは独立を宣言し、エチオピア新政権がこれを承認した

ため、オロモ人のムハマドはマッサワを退去しなければならなかった。いったんオロミア州のウォリソという町に引き上げ、さらに3年後の1994年にジンマに戻り、ベレテ・ゲラを含む三つの森林保護区のエリア・マネージャーを任されるようになった。

アダバ・ドドラの住民参加モデル

さらに4年が過ぎた1998年のある日、ムハマドは、ドイツ技術協力公社が、同じオロミア州のアダバ・ドドラ森林保護区で新しい参加型森林管理を始めるらしいという話を聞いた。その説明会が開かれるというので、同僚の森林行政官らとともに参加した。

プロジェクトの担当者によると、アダバ・ドドラ森林内外の住民を「森林居住者組合」として組織し、保護区の管理責任を負ってもらう代わりに、林地の排他的利用権を認めるというのである。組合員は森林公社に地代を払って荒廃地に植林をすれば、将来の木材売却益の分配も約束されるという。

説明が終わると、会場の森林官が一斉にプロジェクトに反対を唱え始めた。その当時、ほとんどの森林行政官にとって、森林の管理を住民に任せることなど考えられないことだったのだ。

「農民は、森にとって危険なだけの存在だ。連中は無知で、ずるがしこく、われわれの目を盗んでは、林地に入り込み、薪や木材を盗んでいく。森林管理を任せたりしたら、オロミアの森はすべてなくなってしまう！」

困った担当者は、必死に参加型アプローチのメリットを説明してみたが、「前例がない」という森林官は納得しようとしなかった。

一方、ムハマドは、この日のやりとりの一部始終を、会場の片隅で黙って聞いていた。彼自身「参加型森林管理」という言葉を、その日初めて聞いたのだが、それが良いのか、悪いのか、判断できるだけの知識はない。かといって皆に同調して、やみくもに反対する気にもなれなかった。

「むしろ、面白いかもしれないな…」と思っていた。

以後、ムハマドは、そのほかの参加型プロジェクトの動向も気にかけるようになっていた。すると数年後、アダバ・ドドラの森林荒廃に一定の歯止めがかかり、プロジェクトが成果を上げているという評判が聞こえてきたのだ。

森林減少が止まった！

　アダバ・ドドラ森林保護区は、もともと劣化した天然林がわずかに残るだけで、これといった換金性の高い林産物もない経済価値の低い森だった。約5万3,000ヘクタールの区域に、20万人の農民が住み、荒廃した無立木地での放牧で、なんとか生計を立てていた。林地と集落の境界は曖昧で、そこからじわじわと森林破壊が進み、このままでは、近い将来天然林が完全に消失してしまうと考えられていた。

　そのため、ドイツ政府の支援で「アダバ・ドドラ総合森林管理プロジェクト」が始まったのだが、最初から参加型アプローチが取り入れられていたわけではない。1995年に始まった準備フェーズでは、プロジェクトと森林公社が一方的に森林保全規約をつくり、住民を「啓蒙」するために環境教育を行った。村に森林保護委員会を組織させ、半ば強制的に林地のパトロールや補助植林をさせることで「住民参加型」と呼ぶ一方で、樹木の天然更新を促すため、住民の立ち入りを禁止した囲い込み林地では、フォレストガードが監視の目を光らせていた。

　従来の手法と違っていたのは、森林保全に協力する見返りに、住民が希望する村落開発活動も並行して行っていたことだ。しかし、これでは樹木を伐採しないことへの補償でしかなく、住民の主体性も、モチベーションもうまく引き出すことはできなかった。

　この反省に基づき1998年に始まった本格フェーズでは、規制の強化や半強制的な住民の動員は一切止め、人々が自発的に森を管理するようになるためのインセンティブ（動機づけ）づくりを重視するようにした。そこで考案されたのが、「ワジブ」（Wajib）と呼ばれる「森林居住者組合」だっ

た。ムハマドたちが説明会に出席したのは、新しいアプローチを取り入れる移行期にあたっていた。

ワジブの特徴は、森林生態系の容量に応じて居住者数を厳格に制限したことにある。各世帯が生活に十分な収入を得るために必要な土地面積を12ヘクタールと定め、居住者数を1平方キロメートル当たり、最大50人に制限した。一つのワジブ組合の加入者を30世帯までとし、360ヘクタールを上限に、長期的な林地の排他的利用権を保障した。

これによってワジブ組合員は、森を自分たちの財産として認識するようになり、森を維持しながら活用するという意識が芽生えてきた。森林資源の回復に積極的に協力するようになり、組合員の相互監視によって、森林の減少に歯止めがかかったというのだ。ワジブ方式は、エチオピアの参加型森林管理の最初の成功モデルと考えられるようになった。

2. プロジェクトの始まり
ムハマド・セイド、プロジェクト・マネージャーに任命さる

2002年の秋、ムハマドは、自分が担当するベレテ・ゲラ森林保護区でも、日本の支援で参加型森林管理プロジェクトが始まるというニュースを聞いた。

この頃までには、エチオピア政府の森林管理の考え方にも少しずつ変化がみられ、公式文書の中にも、「自然資源管理には住民の参加が不可欠」だという記述がみられるようになっていた。実践レベルでもアダバ・ドドラのように、住民の協力で森林減少の抑制に成功した例が出てくると、以前はやみくもに反対していた森林官の中にも、参加型アプローチに関心を持つ者も出始めていた。

ベレテ・ゲラでは、1990年代にJICAの支援で行われた南西部地域森林保全調査の一環で、すでに森林管理計画が作られていた。エチオピア政府は、これを実行に移すための技術協力を、あらためて日本に要請

してきたのだ。要請書には、「これまでトップダウンで進めてきた森林管理のあり方を改め、地域住民が主体的に参加できるアプローチを採用する」と明記されていた。

そこでJICAは、古い管理計画を見直すため新たに調査団を派遣し、アダバ・ドドラの例にならい、行政と地域住民が契約に基づき協力して森林を管理するという新しい枠組みを提案した。こうして森林公社との間で3年間のプロジェクト実施合意書が取り交わされると、ムハマドが現場責任者であるプロジェクト・マネージャーに任命された。

JICAのプロジェクトは、ほかの参加型森林管理事業から遅れをとっていたものの、提供される資金や対象となる森林地区の規模では、当時最大級のものだった。新しい森林経営手法を潤沢な予算をもって試行することができる。ムハマドの期待は膨らんだ。

一方で、「参加型森林管理」というコンセプトは、ジンマ県ではまだ馴染みが薄く、具体的に何から手を着けたらいいのかわからなかった。外国の援助による大きなプロジェクトに関わるのも、日本人と仕事をするのも初めてだ。

期待と不安がまじりあいながらも、2003年10月に、日本からチーフアドバイザー、村落振興、業務調整を担当する3人の専門家が赴任してきて、第1期のパイロット集落フェーズがスタートした。

プロジェクトの目標は、ベレテ・ゲラ森林保護区の中から二つのパイロット村落を選び、住民参加型の森林管理体制のモデルを試験的に立ち上げ、それを確立することだ。その後は、森林公社が外国の援助に頼らず、独力でそのモデルをほかの村にも普及していき、定着させていくことが期待されていた。

しかし、多くの援助プロジェクトと同じように、この事業も実施主体であるはずの森林公社の関与のあり方に不安を抱えての船出となった。プロジェクトが始まった頃、エチオピアは地方分権化の途上にあり、州政府から県、郡レベルに至るまで、行政機関の分割統合が繰り返されていた。そ

のためプロジェクトの人員体制がなかなか確立できなかったのだ。

まず、森林公社の総裁が務めることになっていたプロジェクト・ディレクターが、最初の3年間に5回も交代した。万事、トップの承認がなければ物事を進めることができないエチオピアでは、プロジェクトの基本方針などの重要事項が決められず、現場の活動に支障が出ることもしばしばだった。

また、日本が現地活動用に供与した四輪駆動車のうちの1台を、森林公社の幹部が個人的に使えるようにしてくれと要求してきたこともあった。機材を管理している日本人専門家がこれを断わると、この幹部職員はムハマドたちを呼び出して、「JICAに協力すると、左遷する」と言って脅したという。幸い、当人の人事異動によってこの問題はすぐに解決したが、似たようなトラブルはその後も日常的に発生した。幹部職員から末端公務員に至るまで、エチオピア人行政官が当然だと考えている「役得」は、日本人の「常識」では理解しがたいことが多かった。

一方、現場レベルでは、プロジェクト・マネージャーを任されたムハマドが、期待を抱いてチームに加わっていたのだが、応援の森林官の派遣が一向に決まらない。度重なる組織改編に振り回され立場が定まらない郡の森林官たちも、腰を据えてプロジェクトに協力できる状況ではなかった。森林公社が積極的に関わろうとしないことから、事業のマネジメントがしだいに日本人専門家を中心に進められるようになると、ムハマドはプロジェクト・マネージャーとしての自分の役割がわからなくなることもあった。

ベレテ・ゲラの森と人々

ベレテ・ゲラ森林保護区は、全国に58カ所、うちオロミア州に38カ所ある保護区の一つで、約16万ヘクタールという面積は、東京23区の約2.5倍の広さにあたる。行政区分上は、ジンマ県のシャベソンボ郡とゲラ郡という2郡にまたがり、それぞれ東南側のベレテ森林（3万9,000ヘクタール）と、北西側のゲラ森林（12万1,000ヘクタール）という隣接する森林地帯を、一つの

森林行政区域として、オロミア州森林公社ジンマ県支所が管理している。

標高1,200〜2,900メートルに位置し、年間1,200〜2,000ミリと比較的豊富な降雨量があり、ゲラ森林の一部には、人為的な影響をほとんど受けていない高密度の高木林がまとまって残っていた。ケニアのツルカナ湖に注ぐオモ川の支流の水源涵養地帯にもなっていて、森林生態系保全の観点からも、経済的な観点からも、貴重な資源が保存されている地域だ。

豊かな天然林が残るゲラ森林を源流とするナソ川は、オモ川を経てケニアのツルカナ湖に注ぐ　　　　　　　　　　　　　写真：西村勉

ほかの森林地帯と同じように、ベレテ・ゲラの森にも行政の管理が及ぶ前から多くの人々が住み、土地や森林資源をさまざまに利用して生活してきた。住民の大半はクシ系オロモ人で、イスラム教徒が約8割を占めている。ほかの地域には、半農・半牧畜で生計を立てるオロモ人部族もいるが、この南西部の森の民は、森林内の限られた土地での集約的な農業や牧畜のほか、森に自生するフォレストコーヒーや香辛料の採取、伝統的な手法による養蜂などで生計を営んできた。

エチオピアの土地保有制度では、国土はすべて国に帰属し、森林保護区は州政府の管理下にある。しかし、実際にはコーヒーが生育するほとんどの森は、個人の権利者によって維持・管理され、相続によって代々受け継がれてきた。彼らは、村落行政委員会に土地の利用税も払っており、その権利は非公式ながらも住民相互の間で認知されていた。

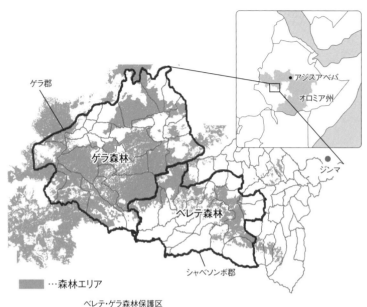

ベレテ・ゲラ森林保護区
出典：Landsat衛星によるデータを基にプロジェクト作成
Source of Landsat data: U.S. Geological Survey

カバレとシャネ

エチオピアの行政機構は、連邦政府の下に州、県、郡があり、さらに最少の行政単位として、「カバレ」と呼ばれる行政村落がある。カバレは、三〜五つの「シャネ」と呼ばれる小集落が集まって構成されている。

シャネはいわゆる自然村で、日常の生活圏を共有している住民同士のつながりが強く、日本の農村の「結い」のような相互扶助活動もシャネを単位として行われている。（本書では以下、行政村落を「カバレ」もしくは「行政村」、その下の自然村であるシャネを「集落」と表記する）

ベレテ・ゲラ森林保護区が属する二つの行政郡、シャベソンボ郡（ベレテ森林）には14カバレ44集落、ゲラ郡（ゲラ森林）には30カバレ80集落があり、合わせて44のカバレ、124の集落に、1万8,000世帯、約7万

人が生活していた。

　プロジェクトの計画では、各郡から一つずつパイロット集落を選び、森林管理組合を組織することを想定していた。その際に、カバレとシャネの性質を検討した結果、コミュニティとしての求心力が強いシャネ（集落）を対象単位にすることになった。

　パイロット集落を選ぶにあたっては、あらかじめいくつかの基準が定められた。その基準とは、同じ集落内に多様な種類の森林区画があり、住民がそれぞれに利用していること。慣習的な森林利用のルールを持ち、住民がそれを良く守っていること。森林管理に関する関心が高いこと。主要道路から適当な距離で、比較的容易にアクセスができ、プロジェクト活動が困難でない地形であること。などである。

　この基準に照らして検討した結果、シャベソンボ郡サバカ・ダビエ行政村のチャフェ集落と、ゲラ郡グラ・アファロ行政村のアファロ集落の二つがパイロット集落に選ばれた。チャフェには、人々が日常的に利用している林地と荒廃が進んで放置された林地がある。また、アファロには、天然林が良く残っていると同時に、住民が管理している広大なコーヒー林があった。

　パイロット集落が決まると、その村の現状を把握し、将来、プロジェクト成果の評価のために必要な基礎情報を集めるベースライン調査、住民の生活上のニーズや森林保全についての意識などを調べる参加型農村調査などが行われた。これらの調査結果に基づき、住民から要望が高かった村の生活改善活動をまとめたコミュニティ計画が作られた。ここまでこぎつけるのにプロジェクト開始からすでに1年が過ぎようとしていた。

住民がプロジェクトを信じてくれない

　対象集落が決まったからといって、すぐに森林管理の活動を始められるわけではなかった。森林に依存して生活している住民と、森林破壊の元凶は住民だと考えている森林行政の関係はもともと対立的だ。その森林

公社が行うプロジェクトに対して、人々が不信感を持ったとしても無理はない。まして、プロジェクトの開始とともに日本から派遣されてきた専門家の存在は、彼らの猜疑心を駆り立てた。

——日本人は、わしらのコーヒーや蜂蜜をすべて持っていってしまうんじゃないのか？

——プロジェクトの言いなりになって、森林管理契約に署名なんかしたら、森から追い出されてしまうに違いない。

一向に協議のテーブルについてくれない森林住民に対し、ムハマドらプロジェクトチームは一計を案じた。事業の目的について、住民自身の目で見て納得してもらうために、参加型森林管理の先行例になっているアダバ・ドドラの森へ視察旅行を計画したのだ。

2005年2月、ベレテ・ゲラの2集落から、女性を含む20人以上の住民代表に加え、プロジェクトチームと関係行政機関の代表を合わせた総勢60人が、アダバ・ドドラに向け出発した。

この企画がまず功を奏したのは、ベレテ・ゲラの外に出る機会がほとんどなかった農民たちが、道中、生まれて初めて半乾燥地の劣化した森林やサバンナを見たことだった。豊かな森しか知らなかった人々にとって、それは衝撃的な光景だった。

——今のうちに、ちゃんと森を管理しないと、わしらの森もこんな風になってしまうのか？

到着する前から、危機感を感じ始める人も多かった。

コーヒーも蜂蜜もない森は嫌だ！

アダバ・ドドラでは、森林公社に代わって「ワジブ」（Wajib）という森林居住者組合が森林保全活動を行っていた。ワジブの代表者からは、「外国人がやって来るのは、土地や林産物を取り上げるためではなく、われわれの生活を助けながら、一緒に森を守っていくためなのだ」と説明された。

ベレテ・ゲラの住民は、ワジブが管理する森を案内してもらうことになった。この時、森林行政官や双方のプロジェクトチームは敢えて同行せず、住民同士が自由に意見交換をできる場をつくることで、ベレテ・ゲラの人々が抱えている不安や懸念を解消できるように配慮をした。

　ベレテ・ゲラの住民の一人が、ワジブの案内人に「あなたたちの森は、いったいどこにあるんだ?」と聞いたところ、「ここがそうだ」と言われて驚いたというエピソードが残っている。彼らが見たのは、コーヒーも蜂蜜もない荒廃した森で、めぼしい資源といえば、薪や農具作りに使えそうな小径木くらいだった。それすら不足しているので、ワジブの組合員は植林もしているのだという。

　ベレテ・ゲラの人々は、他人の森を見ることで、初めて自分たちの森の豊かさに気がついた。そして、それが永久に存在しつづけるものではないことも知った。

　——コーヒーも蜂蜜もない森はごめんだ。

　——もう、木は切らないようにしよう。

　村人たちの言葉が、ムハマドの記憶に強く残った。

「ワブブ」の誕生

　視察から戻ってくると、プロジェクトチームは、「森を守りたい」という人々の気持ちが冷めてしまわないうちに、参加型森林管理の同意を得るための準備を急いだ。

　アダバ・ドドラの「ワジブ」は一つのモデルとして参考にはなるが、ベレテ・ゲラとは森林環境や農家の経済活動が異なっている。そのためワジブを参考にしながらも、ベレテ・ゲラの実情に合った森林管理のモデルを考える必要があった。そこで、プロジェクトチームは、ワジブ方式の森林組合を考案したコンサルタントのアブドラフマーン・クブサに相談した。彼は、ベレテ・ゲラの自然環境と農家の生活実態を調査し、「ワブブ」(WaBuB)

という新たな参加型森林管理方式を提案した。少々紛らわしいが、「ワジブ」とはオロモ語で森林居住者組合の頭文字をとった造語で、一方の「ワブブ」は、森林管理組合の頭文字からできている。

アブドラフマーンによると、ベレテ・ゲラのために「ワブブ」を設計するにあたって重視したことは、天然林の保存状態と林産物の利用、主な生計手段、農家の居住形態と人口密度だったという。荒廃が進んだアダバ・ドドラ森林と違って、ベレテ・ゲラは劣化の危機にさらされているとはいえ、天然林が多く残っていた。農家は伐採をともなわない林産物の採取で現金収入の大半を得ていて、限られた農地で自家消費用の作物を生産することで、生計を維持していくことが可能だった。新たに森林を伐採して農地を拡大する切迫した必要性があったわけでもなく、逆に、まとまった植林ができるほどの空地もないため、木材販売を目的とした商業植林は禁止されていた。アダバ・ドドラの8分の1の人口密度しかないベレテ・ゲラでは、ワブブの設立にあたって、一部の住民に立ち退いてもらう必要もなかった。

一方、「ワジブ」と「ワブブ」の共通点は、住民組織と森林公社が契約を結ぶことにより、住民に一定のルール下での森林利用権を保障する代わりに、森林の管理責任を負ってもらうという点にある。この契約によって住民は、以前のように違法居住者として見なされることがなくなり、安心して保護区内に住み、生産活動を続けられる。森林公社にとっても、フォレストガードを雇って広大な森林をパトロールさせるという非効率な監視活動を続ける必要がなくなり、対立的だった地域住民との関係改善も期待できた。

あとは、いかに人々に森林公社を信用してもらい、森林管理契約に関心を持ってもらえるようにするかである。

エントリーポイント活動の試行

環境保全を目的とした事業では、プロジェクトのニーズと、住民のニーズ

が、少なくとも短期的には一致しないことが多い。住民にとってのメリットがわかりやすい農業開発や、教育、保健などの社会開発プロジェクトとは違い、森林保全事業は、それが将来、人々の生活基盤を支えることになるといわれても、すぐには理解されにくい。

そのため、この種のプロジェクトでは「エントリーポイント」といわれる村落振興や生活改善のための活動を併せて行い、まずは目に見えるサービスを提供することで、人々の関心を引き出し、信頼関係の構築を図ろうとすることが多い。

ただし、エントリーポイント活動の導入には注意が必要だ。貧困社会では、限られた資源をめぐる争いが激化しやすい。森林保全に協力する住民のインセンティブづくりのために始めた活動でも、それが森林との関係が薄かったり、関係があったとしても、十分に説明されないままに始めてしまうと、一過性の関心をひくだけで、自発的で長続きする協力を得ることは難しいからだ。それどころか、外部の援助資源への依存心が強くなることで、逆にモチベーションが下がったり、援助の恩恵に預かれない人々との間に摩擦が生じたりするなど、農村社会に負のインパクトを残すこともある。

ベレテ・ゲラでも、これと似たような問題が発生した。

パイロット集落が選ばれると、ワブブ組合の組織化と並行して、住民の要望が高かった製粉機の設置と手掘り井戸の掘削支援、また、希望する農家に200個の改良型養蜂箱が無償で配布された。ベレテ・ゲラでは伝統的な養蜂箱（筒）を使った蜂蜜の採取が、農家の収入源の一つになっていた。しかし、この養蜂箱は数年で取り替える必要があり、材料になる樹木が伐採されたり、樹皮を剥がれて立ち枯れしてしまったりすることが多い。

これに対して、地上に据え置くタイプの改良型養蜂箱は、採蜜のたびに箱を捨てる必要がなく、長期間使えるうえ、伝統法に比べて4・5倍の採蜜量が見込まれた。プロジェクトとしては、樹木の伐採を抑制するとともに、

養蜂振興によって蜜源となる森林資源の重要性を農民に認識してもらうという狙いがあった。しかし、その意図がよく説明されなかったうえ、改良型養蜂箱の配布が予定より遅れてしまい、新しい手法についての研修も十分にできなかった。結果的に、せっかく配布した養蜂箱も使われずに放置され、多くの農家が元のやり方に戻ってしまった。

　一方の住民はというと、無償で物をもらえることに期待ばかりが膨らんでいった結果、森林管理に協力するどころか、プロジェクトが約束した支援活動が遅れると、逆に不満をあらわにするという始末だった。また、近隣集落の住民からは、二つの村にだけ物的援助が集中していることに対して、不公平感や嫉妬が高まっていた。

丸太をくりぬいたり、樹皮や竹を丸めて作られる伝統的養蜂箱(筒)　写真：協力隊員・平山絵梨

高木の枝にくくり付けたり、ぶら下げたりして使われる　写真：筆者

最初のワブブができるまで

　エントリーポイント活動と並行し、パイロット集落ではワブブを設立し森林管理契約を結ぶために、組合員名簿の作成が進められていた。この時、注意しなければならなかったのは、季節森林利用者の存在だった。

　森の中で、フォレストコーヒーが生育するエリアは個人の権利者によって排他的に管理されている。権利者の中には、普段はほかの町に住んでいて、収穫期にだけ森に戻ってくる「季節利用者」が相当数いて、彼らの

権利も、居住者と同じようにコミュニティの慣習法などによって守られてきた。ワブブを設立するにあたっては、彼らのような非居住者を含む、すべての森林利用者を特定して登録しなければならない。

実際に森林利用者の名簿づくりを進めてみると、保護区全体で1割弱（1,650世帯）いるといわれていた季節利用者の割合は、村や地域によってかなり偏りがあることがわかってきた。コーヒー林が少ないベレテ森林のチャフェ集落には、143の居住世帯に対し、季節利用者が71世帯いた。一方で、天然林の保存状態がよく、コーヒー林も広く残っているゲラ森林のアファロ集落には、44世帯の居住者に対し、198世帯もの季節利用者がいることが明らかになった。アファロには、居住者の4.5倍の不在権利者がいることになる。そのうえ一般に森林居住者より非居住者の方が比較的裕福で、政治的影響力も強いこともわかってきた。森林管理の方針を決めるにあたっては、彼らの意向も十分に配慮しなければならなかった。

ワブブの設立にあたって、もう一つの重要なステップは森林境界の確定だった。境界には、隣り合う集落間の「外周」境界線と、集落内の「内部」境界（個人が利用する農地やコーヒー林と、保護対象となる天然林などの間の境界）という2種類がある。これらの境界線を関係者間で明確にすることで、その線を超えて森林の荒廃が進むことに一定の歯止めがかけられると考えられていた。

このうち「外周」境界線の確認作業が難航していた。そもそも、ワブブを設立しない隣の村の住民が、パイロット集落と森林公社の契約のための境界立合いに協力する義務はなく、それを強制する法的根拠もない。まして近隣住民は、プロジェクトの支援が隣の村に集中していることに、日頃から不満を感じていたのだ。境界確定への協力に消極的だったのは想像に難くない。

結局、「外周」境界確認にはパイロット集落の代表者しか参加しなかったため、近隣住民も村の境界をおおむね認知しているであろうという前提

のもと、暫定的な境界を地図上に記録するに留まった。正式な境界合意は、隣接するすべての集落でワブブを設立できる環境が整ってから行うことで先送りにされた。

ワブブの権利と義務

それでもプロジェクト開始から3年目の2005年8月、暫定境界線を記した地図をもとに、チャフェとアファロの2集落のワブブ代表者と森林公社の間で森林管理「仮」契約が結ばれた。これでパイロット集落で参加型森林管理のモデルをつくるという目標は達成された。「仮」とはいえ、森林公社と契約することで、ワブブのメンバーは森林の管理義務を負うと同時に、森林内の居住権と、一定のルールのもとで森林資源を継続して利用できる権利が保障された。

この契約によってワブブが負うことになった責任には、合意した森林と居住区の境界を維持すること、森の資源を適切に使うこと、木の生長を妨げる行為をしないこと、森林公社と合同で森林モニタリングを行い、違反行為を監視することなどが含まれる。

一方、ワブブ組合員に保障されたのは、森林保護区内に住み続ける権利、コーヒーなどの非木材林産物を収穫する権利、これら伝統的な産品を継続して管理する権利、家を建てるなど自家用目的に限り、許可を得たうえで木を伐採できる権利などである。

ただし、「仮」管理契約には、1年間という期限も設けられた。ワブブは、この期間内に、組合の内規や森林行動計画を準備しなければならない。また森林公社と合同森林モニタリングを行うなど、実際に活動する森林組合として、組織の強化を図っていく必要があった。行動計画が森林公社に承認され、集落外周を含む境界線の確定ができた段階で、はじめて恒久的な森林管理の本契約が結ばれる予定だったのだ。

第2章

最初の危機を乗り越えて

写真：西村勉

3. プロジェクトが打ち切られる？
援助する側の責任
「こんな状況が続くようだったら、もう事業を打ち切った方がいいんじゃないか」

プロジェクト開始から2年半が過ぎた2006年の初夏、JICA本部の地球環境部では、パイロット集落フェーズの評価調査団の派遣を目前にして、対策会議が開かれていた。部長は、プロジェクトの打ち切りを主張していた。その主な理由は、エチオピア政府と最初に取り交わしたプロジェクト合意事項の一つ、オロミア森林公社がローカルコストを負担するという約束が果たされていないことにあった。

これに対し、次長の勝田幸秀が反論した。

「これが、もっと経済発展が進んでいる東南アジアの国なら、約束を守ることもできるでしょう。でもアフリカではそれが簡単ではないことを、援助する側もある程度折り込みずみでやっている。ここで、払えないから駄目だと切り捨ててしまうのではなく、だったら、どこまでなら負担できるのか、どんな財源を使えばいいのか、それをエチオピアの行政官と一緒になって考えるのが援助する側の責任ではないですか」

不確定要素が多い開発途上国でのプロジェクトは、いくつかの段階（フェーズ）に分けて行われることが多いが、次のフェーズの実施が初めから決まっているとは限らない。計画の「妥当性」や「有効性」、投資した資金や人員に見合った活動成果があがっているかという「効率性」、その成果が長期にわたって維持される見込みがあるかという「自立発展性」、プロジェクトの成果が対象地の社会経済にどう影響していくのかという中長期的な「インパクト」といった五つの項目を総合的に評価したうえで、その後の方針を決めることになる。JICAの事業では、各フェーズが終了する半年くらい前に現地に調査団を送り、相手国の関係機関と協

議をすることが定められていた。

　今回の評価の準備は、調査団のリーダーを務めることになっている勝田を中心に進められていた。勝田は約10年前、ベレテ・ゲラを含む南西部地域の森林保全計画調査が行われた時に、担当課長代理だったこともあり、自分が計画に関わったプロジェクトの行く末に責任を感じていた。そのこともあって、最初から結論ありきで調査を進めることには抵抗があった。もちろん原則論でいえば、約束を守らないエチオピア政府に責任がある。しかし、現実の援助の世界では、相手国政府が約束を履行しない、できない、というのはよくあることだった。特に最貧困国が多いサブサハラ・アフリカでは、政府の予算や人員も限られ、行政の管理能力も弱い。

　——できれば、もう一度、プロジェクトを立て直すチャンスを見つけられないだろうか…。

　勝田は思案にくれていた。

自助努力を引き出す援助

　森林公社の負担事項の不履行は、一番の懸念ではあった。政府開発援助（ODA）のプロジェクトでは、予算や資機材の多くを日本から持って来て、さらに数名の日本人専門家を派遣する。しかし、これは本来、途上国政府がやるべき行政サービスや地域開発の仕事を、日本が肩代わりしてしまうということではない。日本の支援の目的は、あくまでも技術の移転と、援助リソースを呼び水に、相手国の「自助努力」と「オーナーシップ」を引き出すことだ。理想をいうならば、プロジェクトが終わったあとは、エチオピアの行政官や対象地域の住民が、新しく修得した技術を活用しながら、もっと民主的で効率的な方法での森林保全活動を続けてもらいたい。そうなれば、プロジェクトはおおむね成功だったといってもよい。

　JICAが森林公社と最初に取り交わした合意書では、事業に関わるカウンターパート（国際協力事業で技術移転や政策助言の対象となる相手国

行政官や技術者をいう)の給与や国内出張費、プロジェクト事務所の運営経費や機材の維持管理費などのローカルコストを、森林公社が負担する約束になっていた。財政が逼迫する途上国政府に、このような費用負担を求めるのは、事業に対する主体性と当事者意識を持ってもらうためには必要な措置だった。ところが、いざ活動が始まってみると、カウンターパートの基本給以外は、すべて日本側がお金を出しているというのが実情だった。

　JICA本部は、このほかにも現場活動の全般的な遅れや効率性の観点から、事業の継続に懸念を持っていた。この頃、現場からあがってくる情報が限られていたこともあって、プロジェクト自体が何を目標とし、どんな戦略をもって進められているのか、東京からは把握できなくなっていた。また、3年という期間と多額の事業費をかけて、支援の対象が二つのパイロット集落だけというプロジェクト設計自体も、費用対効果の観点から問題ありと考えられていた。これだけでは森林保護区全体の面積に対して1.3％、人口比で2.3％にすぎず、プロジェクトで試行した参加型森林管理のモデルを、どうやって残りの村に広げていくかという方法論も欠いていた。

　しかし、これ以上東京で議論を続けても結論が出るはずはない。プロジェクト継続可否の最終判断は、現地に赴く勝田に一任されることになった。部長は事業中止も視野に入れたうえで、慎重に協議を進めるようにと勝田に釘をさした。誰も好んでプロジェクトを打ち切りたいと思っていたわけではない。相手国側が約束を守り、プロジェクトの戦略を修正することでうまくいくのであれば、これまでの投資も無駄にはならないし、森林公社にとっても、対象地域の住民にとっても一番良いはずだった。

人生を変えた車内広告

　現地調査は、2006年6月初めから約3週間かけて行われた。エチオピアには勝田のほかに、のちに専門家としてベレテ・ゲラに派遣されることに

なる地球環境部の吉倉利英、林野庁から1人、そして民間の開発コンサルタントであるアイエムジー社の森真一ら4人が赴くことになっていた。

まずはコンサルタントの森が、基礎情報を集めるために一足先に現地入りした。成田空港を夕方に出発して深夜にバンコクに到着する。さらにそこから、未明発のエチオピア航空機に乗り継いで全行程20時間の長旅だ。時差のためアジスアベバには、翌日の早朝に到着する。仮眠をとる間もなくJICAの現地事務所と調査方針の打合せ、先方政府への表敬訪問などのスケジュールが、ぎっしりと詰まっていた。

実は森はこの時より3年半前のパイロットフェーズの案件形成調査にも参加し、ベレテ・ゲラを訪れていた。住民と行政が契約に基づいて森林を管理するという基本的な枠組みを提案したのも彼だった。その後、プロジェクトがどんな姿になっているのか個人的にも強い関心を持って来た。

それに、ベレテ・ゲラには、自社に所属する西村勉が村落振興担当の専門家として赴任していて、プロジェクトの現状の課題や今後の改善案について、調査団に訴えたいことを取りまとめているとも聞いていた。その西村こそ、ベレテ・ゲラで一研修員から始めて、やがて2代目のチーフアドバイザーに就任し、複雑な軌跡をたどることになるプロジェクトを現場で支えた人物だ。森はその西村にとっては恩人のような存在でもあった。

西村は1990年のバブル経済の最盛期に熊本大学工学部を卒業し、東京の大手不動産開発会社に入社した。高校生の頃には、日本人のエンジニアが海外で大きな橋やダムを建設する仕事をしているのをテレビで見て漠然と憧れを抱いていた。しかしバブル期の日本は国内の建設ラッシュで、その派手な活躍に浮かれているうちに、海外で活躍する夢のことなどすっかり忘れてしまっていた。

ところが、数年後にバブルが崩壊すると、社会の雰囲気は一変した。会社の業績は急激に悪化し、休日返上で身を削るように働いても、一向に

成果として返ってこなかった。徒労感をおぼえる日々が続き、先行きが見えない世相の中で、進むべき道を見失ってしまったような気持になっていた。そんなある日、電車の中でふと見上げた吊り広告に、青年海外協力隊の募集ポスターが目に入った。

　——そういえば、昔は途上国で街づくりをするような大きな仕事をしたいと思っていたんだ。

　忘れかけていた夢を思い出した西村は、その足で協力隊派遣の説明会に参加し、自分の経歴にぴったりのポストがあることがわかると、あっさりと会社を辞めてしまった。それから2年間、都市計画分野の協力隊員として、中東のヨルダンで働いた。

　帰国後、西村は国際協力の仕事を続けたいと思い、コンサルタント会社に再就職して、1998年頃からようやく本格的に途上国での調査に関わるようになった。この時、インドネシアの調査で知り合ったのが森だった。

　森によると、その頃の西村は、調査団のリーダーに怒られては凹んでばかりいる、どちらかというと内向きな青年だったという。世話好きの森は、よく西村の進路相談にのってやっていた。

　「国際協力の世界で生きていこうと思うなら、海外の大学院で修士号ぐらいはとっておかなければだめだ」、と留学を勧めたのも森である。

　森のアドバイスを受けて西村はカナダの大学院で、改めて村落開発を学ぶことをめざした。その頃は、英語も苦手で、入学願書に添付する英語の小論文を書いて森のところに持っていくと、真っ赤に添削されて返ってきた。

　——熱意なら誰にも負けない。

　西村は、添削してもらった願書を郵送するとみずからも自費でカナダに渡航し、担当教授に直談判して合格を勝ち取ったという。

　無事、修士号を取得したあと、西村は国連ボランティアとして、バンコクの国際機関で働いた。その契約が終わる頃に、再び森のもとを訪ねると、

JICAの研修制度を利用してベレテ・ゲラでの実践研修を受けることを助言された。こうして、プロジェクト2年目の2004年9月から11カ月間、西村は、はじめは研修員としてベレテ・ゲラに赴任したのだった。

チラでの生活

その頃、プロジェクトはジンマのメイン事務所に加え、シャベソンボ郡とゲラ郡にもフィールド事務所を構えていた。研修員時代の西村はゲラ郡の中心地のチラという小さな町の事務所に住み込み、アファロ集落の村落振興活動を支援していた。

チラは、ジンマから北西に、未舗装の道を2時間ほど車で走ったところにある。アファロ村へは、そこからさらに小一時間、雨季には四輪駆動車でも走行が困難な悪路を、落石や倒木を避けながら慎重に進まなければならなかった。

ジンマでさえ、首都から500キロ離れた僻地にあることで、長期で赴任したがる日本人が少ない中、当時のチラの生活条件はさらに厳しいものだった。

事務所には電気も水道もなく、携帯電話などもちろん普及していない。黒電話はあったが、外線をかけるときには町の交換台を通さないと、ジンマの事務所にさえ電話をかけられなかった。電子メールはインマルサットの衛星電話の受信機を屋外に持ち出し、朝夕2回、ダイヤルアップでつないでダウンロードした。

週末になると何もすることがないので、プロジェクト雇いの運転手がやって来て、アファロ以外のゲラ森林の村々に連れて回ってくれた。幹線道路から先は、何時間も歩いて森の奥深いところにある集落を訪ねた。この時に培った現場感覚が、後々まで西村を助けたという。

正月も一人、チラで過ごした。大晦日には、短波ラジオを抱え込んで耳に近づけ、紅白歌合戦を聞きながら日本を想った。常にダイヤルを回して

周波数を調節していないと、懐かしい日本の歌は雑音にかき消され、再び見つけるのに苦労をした。

こうして11カ月の研修期間が終わる頃、西村の実績が評価され、2005年10月から村落開発の専門家として、本格的にプロジェクトに関わることになった。あのまま普通に会社に残っていたなら、中堅社員として活躍していたはずの30代のほとんどを、西村はボランティアや研修員として過ごしたことになる。ようやく一人前の専門家として再赴任できることになったのを機に、西村は森が経営するコンサルタント会社に所属することになった。

ローカルコストとオーナーシップ

さて、評価調査の方はというと、森のエチオピア入りから一週間遅れて、JICA本部の勝田や吉倉も調査に合流した。現地にメンバーが揃ったところで、まずは出発前の対策会議で懸案となっていた課題について、現状の確認が行われた。

その一つは、現地活動の進捗と効率性の問題だった。

活動が遅れている原因はいろいろとあった。オロミア州の行政機関の混乱、森林公社総裁の頻繁な交代、森林官のプロジェクトへの配属の遅れ。また、住民参加型森林管理という新しいアプローチに対し、森林公社の方針がなかなか定まらなかったこと。そのため日本人専門家の間でもプロジェクトの運営方針について意見が統一できず、活動の連携がうまくいっていなかったことなどが理由として挙げられた。その結果、関係者間の情報の共有も遅れがちになっていた。

効率性はそもそもの事業設計上の問題だった。実際、2000年代初め頃までの開発援助プロジェクトの中には、少数のパイロット集落に支援を集中して成功モデルをつくるというアプローチを採用したものが多かった。ベレテ・ゲラの第1期事業も、そういうプロジェクトの一つだったといえる。

それでも、パイロットフェーズの成果は、「ワブブ」というベレテ・ゲラの実情に即した住民参加型の森林管理モデルを考案し、計画どおりにその立ち上げに成功したことだ。欠けていたのは、モデルの普及方法だった。二つのワブブを組織しただけでは、広大な森林保護区の中では「大海の一滴」にすぎない。今後の課題は、その「点」を、いかに残りの集落に広げていくかである。

　現場が抱えるこうした問題については、西村も危機感を持ち、調査団に提案すべきことをJICAの現地事務所に相談していた。調査団が到着した時には、まだ具体的な方策を見つけられずにいたが、勝田にはプロジェクト継続の条件として二つのことを提案した。

　一つはこれまでの活動経験をもとに、ワブブ方式の参加型森林管理の手順をマニュアルに取りまとめ、エチオピアの森林官や普及員が使えるように研修を行うこと。もう一つは、そのマニュアルをもとに、ワブブをベレテ・ゲラ森林内のほかの集落に広げていくための普及方法を検討し、プロジェクトの新しい実施戦略を立てることである。西村はこの二つを1年以内に実現すべきだと主張した。

　西村の説明を聞いた勝田は、現場活動の遅れや普及戦略の見直しについては、今後、いくらでも修正と挽回が可能だと考えて大きな問題にはしなかった。それは現場の専門家に任せておけばよいと思った。

　それよりも厄介な問題は、もともとJICA本部が懸念していたことだが、いかにして森林公社にローカルコストを負担させ、事業に対するオーナーシップを持ってもらうかということだった。公社は、現地業務費どころかプロジェクト事務所の光熱費すら支出せず、必要な森林官の配置もしていない。これはJICAがエチオピア側と結んだ正式合意に関わる問題であると同時に、事業に対する森林公社の姿勢そのものが問われていた。国際協力の根幹にかかわるこれらの問題については、本部から責任を任されてきた勝田が直接、対処しなければならない。その解決のためには、多少の政

治的駆け引きも必要だと思われた。

　勝田たちにとって少し意外だったことは、主体性がまったくないと諦められていた森林公社も、プロジェクトの継続だけは強く希望していたことだった。ベレテ・ゲラは、エチオピアにとって最後に残された天然林の一つだ。公社としても、その保全は早急に取り組むべき事という認識はあった。そして、それは森林住民の力を借りなければ、行政だけでできることではない。二つの集落で立ち上げたワブブのモデルを、周辺の村にも普及していくには、日本からの継続支援が欠かせないと考えられていた。

　森林公社に少しでもやる気が残っているのなら、交渉の方向性は決まったようなものだった。あとは両国の関係機関双方が折り合える条件を見つければよい。エチオピア側のコスト負担をどう担保するか、森林公社、JICA事務所の関係者と調査団が集って、プロジェクト継続の可否を決める最終交渉の席が設けられた。

勝田幸秀の覚悟

　勝田は、最初の妥協案として、パイロットフェーズをあと1年だけ延長し、その間に森林公社のコストの負担についての対応を見極めたあとに、3年間の第2期事業に移行するかどうかを決めればいいと提案した。しかし、これには、エチオピア側が首をたてにふらなかった。「まず先に、事業の継続を約束してほしい。そうすれば、政府側の負担金の財源をなんとか見つけてくる」と言うのである。

　勝田も内心では継続を決めていたとはいえ、先に手の内を見せてしまえば、延長が決まったあとで、なし崩し的に負担金など払えないと開き直られるかもしれなかった。決定権を委ねられていたとはいえ、相手が約束を守るという確証と具体的な改善計画がなければ、勝田としても、東京に帰ってから部長を納得させる説明ができない。詰めの甘い交渉は許されなかった。

　勝田が思案にくれていると、コンサルタントの森が一つの提案をした。

「こうなったら、条件交渉に持ち込みましょう。ここで腹を決めて、JICAは譲歩しないという強い態度を見せれば、相手も本気を出してくるんじゃないでしょうか」

森の提案は、一種の賭けでもあった。相手が条件を飲めばいいが、これを嫌えば、交渉決裂で、プロジェクトが打ち切りになってしまう可能性があった。それでも、勝田は強気に出ることにした。

「わかった。その方向で交渉してみましょう」

勝田は次のような提案を示した。

「エチオピアの要望を取り入れて、第2期の普及フェーズを始めることを約束する。しかし、日本側の条件は実質的には変わらない。新しいフェーズを4年間とするが、最初の1年を「第1ステージ」、残り3年を「第2ステージ」という2段階に分ける。第1ステージの終わりまでに、森林公社がローカルコストの負担ができていなければ、その時点で事業を打ち切る」

プロジェクトの延長について、JICAがこのような条件付きの交渉をするのは珍しいことだった。勝田にも覚悟が必要だった。これ以上、条件を緩めるつもりはなかったが、かといって無理難題を押し付けようとしたわけではない。相手国の財政事情なども十分考慮し、お互いにできることと、できないことを、一つひとつ確認しながら細かい条件を詰めていった。

——この人は自分で責任をとれる人だな。

条件交渉に持ち込むことを提案した森自身は、勝田の毅然とした態度を、多少の驚きと信頼をもって見守っていた。

エチオピア側の譲歩を引き出す

交渉は長時間に及んだ。途中の休憩時間には日本側とエチオピア側が分かれて雑談をしていたが、現地の言葉がわかる日本人専門家によると、

「いっそのこと、もうやめてしまおうか」と、相手が弱音をはく場面もあったという。やはりこのまま、話し会いが決裂してしまうのか、という不安がよ

ぎった。

　最終的には日本側のスタンスにブレがないとわかったことで、エチオピア側も覚悟を決めた。森林公社は、通常予算からだけでなく、ほかの造林地からの収益の一部をローカルコストに充てるという踏み込んだ提案をしてきた。森林公社のこの譲歩は、日本側の交渉者を驚かせた。粘り強い交渉の末に、ここまで具体的な財源を示して経費の負担に積極的な姿勢をみせたのだ。森林公社にも、ようやくプロジェクトに対するオーナーシップが芽生え始めた証拠なのかもしれない。勝田はそう思いたかったが、まだ楽観はできなかった。勝田はこの時の報告書の総括で、次フェーズ以降に持ち越されることになった課題を指摘している。

　『パイロットフェーズでは、ワブブによる参加型森林管理システムが確立されつつある。実際に二つの集落において、住民によるモニタリングなどの森林管理が行われている。

　しかし、プロジェクトの自立発展性については、依然、厳しい評価をせざるを得ない。オロミア州の組織、森林公社の技術、財政負担能力などを考えると、ワブブによる参加型森林管理が、ベレテ・ゲラ森林全体に広がっていく可能性は、かなり低いといわざるを得ない。この自立発展性をどう確保していくかが、次フェーズにおいて最も大きな課題になる』

　調査が終わると、勝田は他部署に異動となり、以後、このプロジェクトに直接関わることはなかった。しかし、数えきれないほど多くのプロジェクトに関わってきた勝田のキャリア人生の中で、ベレテ・ゲラでの交渉は今でも強く印象に残っているという。

　「細かいことは、あまり覚えていないんですが、ただ、エチオピア人は自分の考えをしっかり持っていて、議論を真面目にできる人たちだと思った。

　彼等は彼等の誇りと立場で物を言っていた。だから交渉が厳しかった。こちらも厳しいことを言って、それでも、お互いどこかに信頼関係があって、

いい加減な方針でやっていたんじゃ、プロジェクトは続いていかないんだという共通理解があったから、あれだけ真剣な議論ができたんじゃないかな」

なんとかプロジェクトを再生させたいという勝田の強い気持ちが、エチオピアの行政官にも伝わったのかもしれなかった。

最後の判断は現場に委ねる

調査団が帰京したあと、現場に残ったプロジェクト関係者は、日本人もエチオピア人も、皆にわかに忙しくなっていた。パイロットフェーズの残務処理と報告書のとりまとめに加え、エチオピア政府と新たに結ぶ普及フェーズの合意書と活動計画などの準備を進めなければならなかった。

日本人専門家の交代もあった。村落振興担当の専門家として赴任していた西村は、調査が終わると同時に、チーフアドバイザーに就任した。地球環境部の担当者として調査にも参加していた吉倉は、森林管理と業務調整の専門家として新たにエチオピアに派遣されることが決まった。現場責任者であるプロジェクト・マネージャーのムハマド・セイドはそのまま留任することになった。

JICAの組織内では事業の実施体制にも変更があった。それまでは東京の地球環境部が遠隔でプロジェクトを管理していたのだが、普及フェーズ以降はアジスアベバの現地事務所が、直接、事業運営や予算管理の権限を持つようになった。これによってエチオピア政府側の実施機関との協議や意思統一が格段にやりやすくなり、また、現場との距離が縮まったことでより現実的で迅速な対応ができるようになった。

人事異動もあった。評価調査の少し前の2006年4月には、現地事務所の次長として安藤直樹が着任していた。また普及フェーズが始まるとすぐに、農業セクターの担当所員として、中村貴弘が赴任してきた。

この時が初めての途上国駐在となった中村は、少しでも現場の状況を理解し、そこから貪欲に学んでいこうと、プロジェクトチームとの対話を大

事にしていた。そんな中村を見守りつつ、次長の安藤は、たまには口を出すが、最終的な判断は現場を信じて委ねるという姿勢を貫いた。

「ミッシングピース」を埋める

　ところで、3週間の調査を終えて帰国したコンサルタントの森は、まだやり残したことがあるような、どこかしっくりこない気持ちを抱えていた。
　——あのプロジェクトをもっと良いものにしていくためには、まだ何か欠けているものがある。
　パイロットフェーズが終わる頃、次のチーフアドバイザー候補が見つからない時に、「挑戦してみたら」と、西村の背中を押したのは森だった。西村は責任感が強く、タスク管理能力も高い。計画されたことを一つひとつ実行していく堅実派だ。彼なら、着実に成果を積み上げていけるだろう。少なくともこれまで以上の結果は出せる。もっと多くの集落を対象にして、ワブブの管理下で守られる森林の面積も増えるだろう。しかし、それではまだ対象地の数が増えるだけで前フェーズの手法の延長線に過ぎなかった。
　西村の性格を良く知る森は、一方で、彼は慎重派でもあり、従来の枠を打ち破るような発想をしたり、新しい方法を積極的に取り入れるタイプではないとも思っていた。専門家としての経験もまだ浅い。誰か、これまでとまったく違う発想で普及戦略を考え、西村の経験不足を補いつつ、能力を引き出せる人間が必要じゃないだろうか。

　エチオピアでは、西村自身が同じような不安を感じていた。そして西村からも、戦略づくりを手伝ってくれる適任者を知らないかと、森に相談してきたのだった。この時、森が思い出したのがイェール大学に留学していた時に知り合った国連食糧農業機関（FAO）のローマ本部に勤める萩原雄行のことだった。
　——これは面白い組み合わせになるかもしれない。

森は自分の顔が自然に緩んでいくのを感じた。西村と萩原はまったく違うタイプだ。どちらかといえば、自分に良く似ている萩原は、既成の考えにとらわれない発想を持ち出してきては、果敢にプロジェクトに取り入れていく。

　森には、開発コンサルタントとして日頃から信条としていることがあった。

　――契約書に書かれている仕事をやるのは、コンサルタントとして必要最低限のことだ。むしろ契約を越えたところで、どれだけプラスアルファの貢献ができるか。それによって、どこまで途上国の人々の生活改善の役に立てるか。そのためには、あらゆる知恵と手段を尽くすのがコンサルタントに求められる資質だ。

　森は、自分に残された仕事は、プロジェクトに欠けている「ミッシングピース」を見つけて、その穴を埋めることだと考えた。そして、西村に、萩原の連絡先だけを伝えた。

4．新たな戦略
仕掛け人、萩原雄行

　こうして2007年1月11日の早朝、萩原はエチオピアの首都アジスアベバのボレ国際空港に到着した。北緯9度の熱帯に位置するとはいえ、標高2,400メートルの高地の冬の朝の空気は冷たかった。

　空港には、この時が初対面となる西村が迎えに来ていた。当時、萩原43歳、西村40歳。年齢こそあまり離れていなかったが、萩原は自然資源管理分野の専門家として、すでに多くの開発プロジェクトの計画や評価分析を手掛けてきた。

　萩原が自然資源管理の分野で国際協力を目指すきっかけになったのは、大学時代、バックパッカーとしてチベットからネパールへ国境を越えて旅した時の経験だったという。世界の屋根、ヒマラヤ連峰を頂くネパールは、南西部の一部を除いて平地が少なく、標高300〜3,000メートルの丘陵地帯に人口の半分が生活している。遠く雲の上に浮かぶ8,000メートル

級の白い峰々を望んだあと、人間が生活を営む山腹に視線を移すと、見渡す限りの斜面に棚田や段々畑が続き、森林破壊と土壌の浸食が進んでいた。その光景を見た時、萩原の心の中で何かが動いた。

　大学を卒業し、いったんは就職したが、仕事は退屈だった。2年が過ぎたある日、ネパールで見た風景が、フラッシュバックのように脳裏によみがえった。「木を植えなければいけない」と思った。そして、アメリカのイェール大学に留学し、コミュニティ林業を学んだ。

　帰国後は、シンクタンク系の会社などで国内の調査を手掛けながら、開発コンサルタントを目指した。1996年からパナマでJICAの自然資源管理プロジェクトの専門家を務め、その後、プロジェクト形成調査やインパクト調査などにも携わるようになった。2003年からFAOに勤務するようになり、おもに世界銀行などの国際開発金融機関が出資するプロジェクトの発掘・形成を行っていたが、同時に、JICAがケニアで支援する森林プロジェクトの戦略アドバイザー的な役割も務めていた。

　そんな折、西村から突然、連絡を受けた。事業打ち切りの瀬戸際にあるエチオピアの森林管理プロジェクトを立て直すため、新しい戦略づくりを手伝ってほしいという。それならば自分の得意分野だと思った萩原は、西村の依頼を快く引き受けることにした。

ジンマへの道

　アジスアベバに到着した翌日、萩原は西村の案内で早速、プロジェクト事務所があるジンマに向けて出発することにした。JICA事務所からは中村が同行した。

　首都から500キロ南西にあるジンマ市へは、休まずに走っても6・7時間はかかる。道路の舗装状態はおおむね良好だが、途中からは山道となり外灯もないため、日が暮れると真っ暗闇になり、車の往来も極端に少なくなる。安全対策上、十分に明るいうちにジンマに到着するためには、朝早く

出発する必要があった。

朝食後、一行はホテルを出発し、南西に向かう国道7号線に進路をとった。近代的なビルの谷間に、トタン屋根の貧しい家屋がごみごみと密集する都市部を抜けると、風景は一変した。

国道沿いにところどころ、小さな町が開けている以外は、延々とテフ畑が続いている。「テフ」（*Eragrotis tef*）というのはイネ科の穀物で、エチオピアの主食の、「インジェラ」と呼ばれる薄焼きの大きなパンケーキの原料になる。

エチオピアの穀倉地帯であるアビシニア高原の中北部は、土地という土地が、山の上まで農地として開墾されていた。時々、ユーカリが生育する小さな植林地があるが、森と呼べるような土地は、ほとんど残っていなかった。萩原が訪れた1月には、テフの収穫も終わり、乾季の真っただ中で、農地には牛やヤギなどの家畜が放牧され、畑に残った稲株や藁、アカシアの木の芽などを食んでいた。こうして乾季に家畜を自由に放牧しているところでは、新芽が動物に食い荒されてしまうため樹木の天然更新や植林が進まず、土壌侵食や地力の低下が進む原因にもなっている。

車窓に広がる田園風景の中に点在して、生垣に囲まれたエチオピアの伝統的な民家が見えた。日干し煉瓦と小木を積んで、土壁で固めた円筒形の建物に、三角形のワラ葺屋根をのせた質素なものだ。せいぜい20平方メートルほどの屋内に間仕切りはなく、寝室と居間、時には台所も兼ねているという。

母屋を中心に、大小の家屋が数棟、寄り添って一家族を構成し、庭先には家畜用の干草や、燃料用に牛糞を円盤状に固めて干したものが、家屋と同じ様に円筒形に積み上げられていた。いずれ切り崩すだけの干草の切れ端も、几帳面に整形している様子に、農民の小さな矜持がみえた。

途中、一行は休憩のために、街道沿いの町のコーヒーショップに立ち寄り、強烈に甘くてどろりと濃いエチオピアコーヒーを飲んだ。朝、アジスア

ベバを出発した時は、高原のひんやりした空気が肌に心地よかったが、日が高くなるにつれて、日差しは厳しくなってきた。午後になると、車のフロントガラスから西日が差し込み、車内の温度をさらに上げていった。

やがて山道にさしかかってくると、丸裸の農地やユーカリのプランテーションはあまりみられなくなり、天然林が生い茂る森らしい森を見ることが多くなってきた。時折、山から下りてきて、道路脇で毛づくろいをしているヒヒの家族を見かけることができた。車には慣れているようで、特に驚く様子はない。かたや道路から離れた高い木々の先には、白と黒のコントラストが美しいアビシニア・コロバス（*Colobus guereza*）が、臆病そうにこちらの様子を伺っている。南西部の天然林地帯は、野生動物の最後の生息地にもなっていた。

アビシニア・コロバス（オナガザル科コロブス属）
写真：生物多様性専門家・水野昭憲

コーヒー発祥の地

一行がジンマ市街にさしかかったのは、午後3時を少し回った頃だった。町へ入っていく最初のロータリーには、巨大な「ジャバナ」（エチオピアの伝統的なコーヒーポット）のモニュメントがあり、台座には「コーヒー発祥の地、ジンマ」（Jimma, the Origin of Coffee）と書かれていた。

エチオピア南西部の森林地帯は、アラビカ種のコーヒーノキ（*Coffea*

arabica)の原産地としても知られ、天然林の中に、原生種に近いコーヒーが生育している。この天然コーヒーの存在が、やがてプロジェクトの方向性を大きく変えていくことになる。

かつてカッファ地方と呼ばれていたこの一帯は、エチオピア帝国が統一される前の諸侯公時代には、カッファ王国、ジンマ王国、ゲラ王国など、いくつかの封建領主国が群雄割拠していた。現在の連邦制のもとで州が再編成され、1995年にオロミア州ができるまでは、ジンマはカッファ州の州都だった。

「コーヒー」の語源は、このカッファ（Kaffa）という地名に由来すると考えられていたこともある。しかし、近年では、飲料としてのコーヒーが最初に普及したアラビアの言葉で「ワイン」を意味する、カフワ（qahwa）が訛ったものだという説が有力になった。

エチオピアで、コーヒーが発見されたのは3世紀頃とされる。いくつかのコーヒー発見伝説が残っているが、中でも「カルディ少年」の話が有名だ。この伝説によると、ある日、遊牧民のカルディ少年が、森の中でヤギを放牧していると、一匹のヤギが迷子になった。少年が探し回った末に、やっと見つけるといつもはおとなしいそのヤギが、ぴょんぴょんと元気に飛び跳ねていたという。どうやら一本の木に実った赤い実を食べたようだ。少年も勇気をふりしぼって、その実を口に含んでみると、みるみる体に力がみなぎり、自分も踊りだしたくなった。「これはみんなを元気にする魔法の果実に違いない」そう思ったカルディ少年は、その実を村に持ち帰った。

コーヒーが発見された初期の頃、エチオピアでは、実と種の部分を丸ごと乾燥させて砕き、獣脂で煎って塩味をつけ、長旅の携帯食としたり、葉や発酵させた果肉を煎じて疲労回復の薬として飲んだりしていたという。

6世紀頃になると、コーヒーは紅海を隔てたアラビア半島のイエメンに伝えられ、そこで、初めて人の手による栽培が始まった。そして13世紀頃から、現在のように、煎った豆を煮出したり、濾過した液体を飲むスタイルが

広まったという。

　「アラビカ種」という名前も、コーヒー普及の拠点になったアラビア半島に由来していて、もとは複数の在来種の総称だった。また、エチオピアやイエメンのコーヒーが「モカ」と呼ばれているのは、トルコやヨーロッパへ生豆を輸出する拠点となったイエメンのモカ港にちなんだ地名ブランドであり、「モカ」という単一の植物品種が存在するわけではない。

コーヒーセレモニー
　ジンマの町は埃っぽく、空気は乾いていた。乾季のこの時期、町中の道路が工事中になるのが恒例だった。車が通るたびに、掘り起こされた土から、砂塵が舞い上がった。信号機は機能せず、工事車両、外国の援助機関関係者が乗る真新しい四輪駆動車、年代もののセダンのタクシーやインド製のバジャージ（自動三輪車）が入り交じって渋滞を起こしている。そのすき間を縫うように、馬車やロバや歩行者が悠々とすり抜けていく。アフリカの地方都市ではよく見かける雑踏風景だ。

　ジンマに借家がある西村を徐き、萩原と中村は、この町で一番設備が整っているというセントラルホテルにチェックインした。それでも、停電や断水は日常茶飯事だという。

　しばらくホテルで休んでいると、プロジェクト・マネージャーのムハマドが訪ねてきて、家でコーヒーセレモニーをやるからと誘われた。萩原、西村、中村に加え、西村の下で業務調整を務めている専門家の吉倉がこれに加わった。

　エチオピアには、古くから、「コーヒーセレモニー」ともいうべき、伝統的なコーヒー文化が、日常生活に密着して根付いている。宗教や民族、社会階級に関わらず、家族や親しい友人と世間話をしたり、客人をもてなす時には、生豆を炭火で煎るところから始まり、じっくり1・2時間かけてコー

ヒーが提供される。

　ムハマドの家に行くと、娘らしき若い女の子が、居間の床一面に青草を敷き詰め、道具類一式を並べて、コーヒーを淹れる準備をしていた。屋内であっても、このように青草を敷き詰めるのが作法で、さわやかな緑の香りが客を出迎える。

　客人にコーヒーを振舞うのは、その家の女主人か、花嫁修業の一環で若い女性の仕事と決まっている。まず、まだ青い色をした生豆を、米をとぐように数回洗って付着物や黒豆などを取り除き、炭火の上でじっくり煎っていく。豆がほぼ真っ黒の深煎り状態になり、パチパチという音とともに香ばしい煙が立ち始めると、それを鍋ごと揺すりながら、客の前に持って行き一巡する。すると、部屋中にコーヒーの香りが充満していく。

　次に、煎りあがったばかりの熱い豆を、小さな杵と臼で粉状になるまで砕き、これを、底が丸く首の長い独特な形をした陶器のポット（ジャバナ）の口の先から入れ、沸騰した液体が、数回噴き出すまで十分に煮出す。その間に、小さな香炉に炭火をのせ、その上で乳香（フランキンセンス）が焚かれる。乳香とは、東アフリカや南アラビアに自生するカンラン科ボスウェリア属の樹木から分泌される樹脂で、古代エジプト時代から神にささげる神聖な香りとして珍重されてきた。

煎りたての豆の香りが広がる　　　　　　　　　　写真：筆者

大麦やトウモロコシを七輪の上で乾煎りし、お茶うけとして客に提供する。そして、取っ手のないお猪口のような小さなカップに、スプーン3・4杯もの砂糖を入れ、音と香りが立つように、高い位置からコーヒーを上手に注ぎ入れる。1杯目のコーヒーを配り終わると、ジャバナに水を足して、2杯目の抽出を始める。地域や場合によっては、香りづけのショウガやカルダモンなどが入れられることもあり、砂糖が貴重な農村部では、塩を入れて飲むことも多い。

　強烈に甘いコーヒーを飲みながら、ムハマドと西村は、ベレテ・ゲラのプロジェクトの経緯や課題、今回、萩原に協力してほしいことなどについて、簡単な説明を始めた。

　パイロットフェーズでは、ベレテ・ゲラ森林保護区の中から2集落を選び、「ワブブ」と呼ばれる住民の森林管理組合を組織したこと。これと並行して、さまざまな村落振興活動を行ったが、肝心の森林保全に協力するという住民のモチベーションをなかなか上げられなかったこと。この先、プロジェクトを続けていくためには、ワブブ体制をほかの集落にも広げていくための、新たな実施戦略と普及手段を考え、プロジェクトの軌道修正を図る必要があるということ。

　そんな話をしていると、客人の前には、3杯目のコーヒーが運ばれてきた。コーヒーセレモニーの慣習では、3杯まで提供することが正式な作法になっている。それぞれに固有の呼び名まであり、1煎目を「アボル」（健康）、2煎目は「フレテニャ」（愛情）、そして3煎目は「ソステニャ」（恵み）という。生豆を煎り始めてから、3杯目が提供されるまで、たっぷり1時間以上が過ぎていた。

　ムハマドの家を辞し、萩原たちがホテルに戻ると、今夜も停電が続いていた。フロントでは、旧式の発電機が轟音を立てていたが、客室までは配電されず、蝋燭の灯だけが頼りだった。明日からの聞き取り調査を前

に、これでは資料に目を通すこともできず、その晩は早々に蚊帳の中に潜って眠りについた。

わしらの生活は何も変わらない

翌日から、萩原たちは関係者へのヒアリングを始めた。対象者は、森林公社ジンマ支所、二つの郡営林署、県と郡の農業事務所、郡政府関係者、現場の森林官から村落開発普及員まで、多機関、多数の人々に及んだ。ベレテ・ゲラ森林保護区が二つの行政郡にまたがっていることや、縦割りの行政システムの結果、調整すべき関係者が多いことが、このプロジェクトの運営の難しさを印象づけていた。

数日後、パイロット集落の一つであるゲラ森林のアファロ村の視察に出かけた。アファロは、すでに森林管理組合を組織し、森林公社と暫定森林管理契約を結んでいる。村の玄関口となる県道沿いの空き地には、プロジェクトが設置した手掘り井戸があり、子どもたちが黄色いポリタンクを持って水汲みの順番待ちをしていた。こんな奥深い山村に日本人が大勢やってきても慣れたもので、特に驚く様子もない。外国人は何か物をくれるものだと理解しているのか、一応に愛敬を振りまくことには余念がない。村を散策していると、農家の庭先にかつてプロジェクトが配布した改良養蜂箱が、使われないまま放置されていた。

一行は、村の集会所の軒先を借り、組合の代表者から話を聞くことにした。森林官に通訳をしてもらい、訪問の目的を伝えた。それから、「プロジェクトの活動に満足しているか。森林管理の取組みを、ほかの集落にも普及していきたいと思うか」といった質問をなげかけてみた。

村人は、井戸や養蜂箱だけではなく、製粉機の設置や道路の補修など、プロジェクトから十分な恩恵を受けているはずだった。しかし、彼らの答えは歯切れが悪い。小一時間ほど、森林管理とは直接関係ない山村での生活の話などで紛らわしていると、ぽつりぽつりと本音が漏れてきた。

「プロジェクトのいうとおり、森林管理契約を結んだけれども、わしらの生活は何も変わらない…。ほかの村にも組合の結成を勧めるべきかといわれても、正直、それがいいのかわからない」

　森林公社と契約を結んだことにより、村人は森林内の居住権と利用権を保障され、これからは森を追い出されることもなく、安心して暮らしていけるようになったはずだ。だからといって、彼らにしてみれば、これまでにも村の伝統的なルールに従って、森の維持管理や林産物の採取を行ってきたのだ。森林管理契約を結んだところで、収入が増えたり、生活が良くなったわけではない。むしろ、規則や義務が増えて、面倒になったことも多かった。

二つの秘策と戦略の青写真

　アファロでの聞き取りのあと、皆はジンマのプロジェクト事務所に戻り、萩原と西村、吉倉とJICA事務所の中村という日本人メンバーが集まり、これまでの調査をもとに新しい戦略づくりのためのブレーンストーミングを始めようとしていた。

　『森を守っても、わしらの生活が良くなるわけじゃない…』

　アファロ村の村人が訴えていた言葉を、萩原は皆の説得の武器にしようと考えていた。

　実のところ、3カ月前、西村からの支援要請を二つ返事で承諾したあと、萩原は「これは大変な仕事を引き受けてしまった」と一瞬、後悔したという。ワブブのような住民参加による森林管理体制が機能するためには、少しでも暮らし向きを良くしたいと願う人々の欲求を満たしつつ、彼らが自主的に森を守っていけるような仕組みをつくるという難題を解決しなければならない。

　萩原は、その第一歩として、FAOが開発した「ファーマーフィールドスクール」（FFS）という技術普及手法を採用できないかと考えていた。これはワブブに参加する農民グループを対象に農業技術の指導を行い、労

働集約的で換金性の高い園芸作物の栽培を奨励していこうというものだ。これまであまり有効に利用されていなかった庭先の小さな屋敷畑や、既存の農地の生産性を上げることで、これ以上農地を広げなくても生活を維持できるようになれば、森林への圧力を軽減できるのではないかと考えたのだ。

同時に萩原は、プロジェクトの新戦略を完全なものにするためにはフィールドスクールの導入だけでは十分ではないとも思っていた。

——農地を広げなくてすむから森が守られる、という消極的なシナリオではなく、積極的に森を守ることが人々の生計向上に直結するような、何かうまいシナリオは描けないだろうか。

萩原は西村から事前に得た情報をもとに、ローマを出発する前からリサーチを始めていた。そしてベレテ・ゲラの天然林には原生種に近いコーヒーが自生していることがわかった。しかも天然のコーヒーの生長には適度な日陰が必要なため、フォレストコーヒーがある森では大規模な森林伐採が抑制されてきたというのだ。

コーヒーの原産国であるエチオピアには、農園栽培のために品種改良を重ねてきたガーデンコーヒーと、森林内で自然に萌芽し生長したフォレストコーヒーがある。天然のコーヒーは改良品種と違って、収穫量は少なく、品質にもばらつきがある。しかし、その希少性に着目して何らかの付加価値をつけることができれば、一般のガーデンコーヒーよりも高く売ることができるかもしれない。そうなれば、森を伐採してガーデンコーヒー農園を拓くより、フォレストコーヒーの収穫を維持するために、人々が森を守るようになるかもしれない。

萩原は、有機栽培やフェアトレード、グッド・インサイトといった国際認証システムの種類や基準について調べ上げた。そしてニューヨークに本部を置くレインフォレスト・アライアンス（RA：熱帯雨林同盟）という国際環境保護団体が管理する認証制度に目をつけた。RAは環境と人にやさしい生産システムを維持し、一定の基準を満たす農園や生産者団体に対して

認証を与えている。RAの認証審査に合格した商品は国際的に知られた同団体のウェブサイトに公表され、付加価値のついた流通性の高い商品になる。

　——これがうまくいけば、森を守ることで生活が良くなるという仕組みができるかもしれない。

　こうしてエチオピアに来る前から、萩原の頭の中では二つの秘策とプロジェクト実施戦略の青写真ができ上がっていた。そして、現地で関係者や住民の話を聞き、補足情報を集めながらその実行可能性を確認していった。それが確信できた段階で、プロジェクトチームにこの戦略案を説明した。

木を切らないことで収入が増える

　萩原が提案した新戦略は、理論的にしっかりしているうえに、それを実行に移すための具体策までよく練り込まれていた。新しい戦略でも、主柱になる活動はパイロットフェーズと同じで、ワブブという森林管理組合を組織し、住民主体による森林保全活動を普及させていくことだ。

　そこに新たに加えられたのが、ファーマーフィールドスクールによる農業の生産性向上と、フォレストコーヒー認証プログラムによる高付加価値商品の生産・輸出支援という2種類の生計向上活動である。ここで着目しておきたいのは、この二つの活動が、土地の利用法としては一般的に対立構造にある農地と林地の両方を対象にしているということだった。「森を残すか、はたまた伐採して農地にしてしまうか？」という二者択一ではなく、農業開発と森林保全の融和を図り、それぞれの活動が補完しあうことで森林減少に歯止めがかけられるように考えられていた。

　ひとくちに生計向上といっても、住民の関心を引き、森林保全に協力してもらうための「エントリーポイント」であったり、伐採を思いとどまってもらうための、いわば「所得代替」としての村落振興や所得向上活動ならば、

これまでにも住民参加をうたった多くの自然資源管理プロジェクトで試みられてきたことだ。しかし、こうした活動が森を守るという住民の自発的な行動変化につながることは少なく、アプローチのしかたを間違えると、かえって逆効果にもなりかねない。

萩原が提案した戦略が斬新だった点は、プロジェクトとの契約やルールがあるから住民に木を切るのを我慢してもらうのではなく、木を切らないことで収入向上に直結する仕組みを目指したことにある。

さらに付け加えるとフィールドスクール導入に際しては、生計向上だけではなく、ワブブを堅固な住民組織に育てるための農民グループの強化と、プロジェクトの普及活動を補佐する人材を育成するという二重三重の目的もあった。ファーマーフィールドスクールとコーヒープログラムについては、それぞれ第3章と第4章で詳しく紹介する。

どこまで普及するのか?

萩原が説明する新戦略の枠組みについて、関係者がおおむね納得すると、次は、どこを対象に、いつまでに、誰が、どうやって現場の活動を進めるかという具体的な方法論を話し合う必要があった。

——パイロットフェーズでは、二つの集落でワブブを設立した。では、普及フェーズではどこまで活動を広げていけばよいのか?

萩原は、プロジェクトチームに、ワブブ設立の目標について具体的な数字を考えているのか聞いてみた。

西村は、ワブブ組織化の手順をマニュアル化することで、さらに20〜30程度の集落で参加型森林管理を広めていければいいだろうと考えていた。それでも、パイロットフェーズの10倍以上の成果になる。残る集落については、プロジェクト終了後に森林公社に業務を引き継いでやってもらう。そのためのノウハウはプロジェクト期間中に、森林行政官に修得してもらえばいい。

これに対して萩原は、124すべての集落でワブブ設立を目指すという「全村アプローチ」を主張した。多数の村で、ワブブ設立を同時並行で進めれば、森林保護区の全域をカバーすることができるというのだ。

　——いくらなんでも、それは無茶だ。対象地が広すぎる。

　驚きを隠せないでいるプロジェクトチームの表情を読み取り、萩原が続けた。

「今日までの調査で、私も現状はおおかた理解できました。パイロットフェーズでは森林公社の組織改編が何度もあって、プロジェクトの活動にほとんど協力してこなかった。そもそも事業に対するオーナーシップが弱い。

　こんな状態で、仮にこれから残りの期間を日本人が頑張って、さらに30の集落でワブブを組織したとしても、まだ100近い集落が残ってしまう。

　果たして森林公社が残りの集落での普及活動を引き継いでくれると思いますか? しかも、ベレテ・ゲラ森林には、今、3人の森林官しかいないのが現状なんです」

　萩原が指摘することは、誰もが痛いほど理解していた。しかし、外国人が相手国の行政機関を無理やり動かすことはできない。だから、せめて日本人が現場で頑張って、できるところまでやって少しでも多くの成果を出せばよいのではないか。それで少なくとも日本側の誠意と努力は伝わるだろう。

　しかし、萩原の考えは違っていた。援助プロジェクトといえども、これは「投資」である。費用対効果を抜きにした戦略は考えられなかった。

「西村さん、これまでの状況から考えて、本当に森林公社を信用して任せられますか?」

　少し挑戦的な質問に、西村が答えに窮していると、萩原が続けた。

「ちょっと見方を変えてみましょうか。ベレテ・ゲラは、エチオピアに最後に残された貴重な天然林の一つで、守っていかなければならないんでしょう? だったら、プロジェクト期間内にすべての村でワブブを設立してしまって、住民の側に自力で森林管理を行っていける組織の基礎だけでもつくっておく必要があるんじゃないですか?

何も、エチオピアのすべての森林を守ろうといっているんじゃない。この際、森林公社の組織強化や行政官への技術移転といったことはいったん忘れて、この森と住民のことを最優先に考えてみませんか？
　森を守ることが目的なら、その境界線を確定して森林管理のルールを決め、住民と森林公社の間で合意してもらう必要があるんじゃないでしょうか。
　自然のままで残す森、コーヒーを収穫していい森、農地として耕すことができる土地、家を建ててよい土地。最低でも、それらについて合意できれば、エチオピアの農民は真面目だし、政府の睨みもある程度は効いている。一度、皆で決めた境界線は守ってくれるんじゃないかと思います。
　そのうえで木を切らなくても、住民が生活していける生計維持の仕組みをつくるんです。
　もちろん、それで森が永久に守られるわけじゃない。それでも、森が失われていくのをあと10年でも遅らせることができれば、われわれ日本人がわざわざアフリカまでやって来て、プロジェクトをやる意味があるんじゃないですか。
　つまり、これまでどおりのやり方を少し改善して、1年間にいくつのワブブができるのか、掛け算で決めるんじゃないんです。残り122集落で3年間だから、逆に割り算をすれば、1年に30のワブブを設立すれば、すべて終わらせることができる計算になる。
　それなら、与えられた人員と資金をどう活用して、どんな普及方法を使えば、年間30という目標を達成できるのか、その方法を一緒に考えてみませんか？」
　萩原の話を一同は、狐につままれたような面持ちで聞いていた。理論的には正しいし、説得力もあった。この時の萩原の巧みな話術に、西村は内心、思ったという。
　――この人は、本当は詐欺師なんじゃないだろうか。いや、少なくとも、本物の詐欺師になったとしても、彼なら成功するだろう…。

「モデル集落」vs「全村アプローチ」

　萩原が、全集落をカバーすべきと主張した理由の一つには、同じ森林保護区内で、森林管理契約を結んだ村とそうでない村が混在する状況をつくってはいけないと考えていたこともあった。もし一部の集落だけでワブブをつくり、契約に従って森を管理しようとしても、契約をしていない隣村の住民が森を伐採して農地を広げているのを見れば、この村の住民のモチベーションは維持できなくなる。そうなれば、結局、ワブブは機能しない。

　逆に、組織の出来、不出来に、多少のばらつきがあってもすべての村でワブブを設立し、集落と林地の境界線に合意することができれば、森林官やフォレストガードよりも強力な、住民同士の相互監視の目、つまり社会的な保護壁をつくることができる。

　——モデル集落ではなく、全村を対象にして面的に広げていく。

　萩原の話を、中村は目から鱗が落ちるような思いで聞いていた。当時、中村は30歳。大学の農学部を卒業し、新卒でJICAに就職してから6年がたっていた。

　国際協力に関心を持ち始めたのは、1980年代半ばに発生したエチオピア大飢饉の映像を、小学生の頃に見たのがきっかけだった。両親からは、世の中にはご飯も食べられない子どもたちがいるのだと聞かされた。自分と同じ年頃の子どもが、痩せ細って虚ろな目をしてただ死を待っている姿が鮮明に記憶に残った。中村少年は、いつか国際協力の場で活躍し、貧しい人々の手助けをしたいと考えるようになった。

　ほんの1カ月前、中村は偶然にもそのエチオピアに転勤してきた。それ以前は、本部の農村開発部や農林水産省への出向で、いくつかの農業普及事業を担当した経験があった。しかし、そこで見てきた普及手法というのは、「モデル農家アプローチ」か「センター型の研修」というものが一般的だった。

　いわゆるモデル農家アプローチでは、行政やプロジェクトが、あらかじめ

地域のリーダーになりそうな有望な農家を少人数選んで集中的に指導し、資材を提供するなどして、普及の拠点となるデモンストレーション用の農場をつくる。それを近隣の農家が見て、モデル農家の助言などを聞きながら、自発的に新しい技術を採用し、それがしだいに広まっていくことを期待するものだ。「センター型研修」も、対象者は多くなるが選ばれた農家だけを対象にすることは同じで、中心的な町や村にある研修所などに集めて講義や実習を行う。

これらの方法に共通する課題は、一部の農家に新しい知識や技術を教えても、実際に彼らが普及の媒体（エージェント）になって周辺農家に伝えていく波及効果には限界があるということだった。

モデル集落アプローチにしても同じことが言えた。農家間での普及ですら難しいのに、一部の村でワブブを設立して森林管理を始めても、それが周囲の村々にすんなりと受け入れられていくとは考えにくい。

中村は日頃から、どうすればこのようなモデル活動を「点」で終わらせるのではなく、「面」として広げていけるのだろうかという問題意識を持っていた。そして、萩原の話を聞いていて、なるほどそういう考え方もあるのかと、腑に落ちたのだという。

フランチャイズ方式

しかし、3年で124のワブブ設立を目指すというのは、誰も考えもしなかったハイペースの計画だった。しかも、萩原の提案では、ワブブを組織するだけでなく、ファーマーフィールドスクールとフォレストコーヒープログラムという二つの生計向上活動も同時に行っていかなければならない。

対象地の広さも問題だった。ひとくちに16万ヘクタールといっても、日本人の一般的な常識で想像してしまうと大きな誤解につながる。二つの隣接する森のうち約12万ヘクタールと広い方のゲラ森林の中には、車道と呼べるものは真ん中に一本通っているだけだ。その半分以上は未舗装なの

で、雨季になると路面がぬかるんで、四輪駆動車でさえ途中から進めなくなる。

124集落のうち車で直接行ける村は、乾季でも全体の2割に満たず、雨季にはさらに半減する。車を捨てて歩くにしても、深い森、急峻な地形、橋のない川、広大な湿地などの自然の障壁が行く手を阻む。ゲラ森林の最深部の村に行くには、馬やロバを使ってもゆうに2日はかかるというのだ。

このような土地での活動が、実際にどれ程の負担になるのか、誰にもイメージできなかった。一つだけはっきりしていたことは、以前と同じやり方で進めていたのでは、とてもこれだけの活動量はこなせないということだ。

そこで、萩原は、「フランチャイズ方式」というものを提案した。

「ファーストフード店のようなものを想像してみてください。料理なんかしたこともないアルバイトの学生が、マニュアルどおりにつくれば、いつどこでも同じ味のハンバーガーを大量に作れる。

それと同じように、まずワブブの設立手順をできるだけ単純化したマニュアルにして、全工程をエチオピア人の若者に任せるんです。多少の不出来があってもある程度は目をつぶって、全集落をカバーできるシステムをつくることが大事です。

西村さんは、そのためにフランチャイズ店のエリア・マネージャーの役に徹しないといけない。人件費を考えれば、日本人専門家は現場で農民と汗水流すのではなく、マネジメントに専念して、いかに安く、効率的に、現地のスタッフを使ってシステムを回していくかを考えるのが仕事です」

広く浅く普及する

これまでのモデルタイプのプロジェクトでは、日本人が手塩にかけて、盆栽のように精巧なモデル農園を作り上げるというものが多かった。「メイド・イン・ジャパン」は高品質だが、途上国の行政官がそれと同じだけの手間とコストをかけることはできないので、再現性は低かった。しかし、ベレ

テ・ゲラ・プロジェクトのように、対象地全域をカバーする必要がある事業では、多少、質を落としてもコストを下げて普及するという主張に分がありそうだった。

　すべての集落を広く浅く支援するという方針は、公平性や確率論の観点からも優れていると考えられた。限られた援助資源を巡る住民間の争いや、依存心の助長といった農村社会への負のインパクトを極力回避しなければならないというのは、前フェーズからの教訓だった。不出来な村もあるかもしれないということは、逆に成功する村や農民の中から新しいリーダーが出てくる可能性もある。

　——しかし、ハンバーガーを大量につくるマンパワーはどこから連れてくるのだろうか…。

　西村は、その疑問を萩原にぶつけてみた。

　「エチオピア人の若者に任せるという萩原さんの考えはよくわかりますが、現実問題として、誰を使うんですか。地元のNGO職員でも雇いますか?」

　萩原が答えていった。

　「農業事務所の村落開発普及員がいるじゃないですか」

　萩原のこの発言には、皆が沈黙してしまった。短期で外からやってきた萩原と違って、現場には現場の「常識」がある。農村開発に関わる在留外国人コミュニティの間では、「村落開発普及員は使えない」という暗黙の了解があった。

　——しかし、それは果たして本当だろうか?

　萩原は考えていた。

　プロジェクトチームから見て萩原が外部者なら、現地の普及員たちからみれば、西村たちのような駐在外国人だって外部者には違いない。普及員のことをわかっていないのは、もしかしたら現場に近い方の外部者かもしれないのだ。

時には少し離れた立ち位置にいる外部者の視点が、現場の「思い込み」の再考を促すきっかけになることもある。

村落開発普及員は本当に役に立たないのか？

　村落開発普及員というのは、郡の農業事務所に所属する普及スタッフのことで、エチオピアの各行政村（カバレ）にほぼ3人ずつ、住み込みで配属されている。職種は「自然資源管理・林業」、「農業」、「畜産」の3分野で、大抵は、専門学校レベルの教育を受けていて、大卒者も若干名いた。シャベソンボ郡とゲラ郡の44のカバレには、多いときで女性7人を含む100人以上の普及員がいた。二つの郡営林署に3人という森林官の数とは比較にもならない。

　アフリカの多くの開発途上国では、農村部の普及システムが存在しないか、あったとしても人や予算が慢性的に不足し、機能不全に陥っている国が多い。そんな中で、エチオピアでは、どんな辺鄙（へんぴ）な農村にもこれだけの数の普及員がいることには理由があった。彼らの仕事は、表向きには農業技術指導だったが、事実上の一党独裁制のエチオピアでは、政府当局の意向を農村のすみずみに浸透させるのが実際の役割だった。

　村落開発普及員が、実は、政治集会などに多くの時間をとられているということは、在留外国人の間でも良く知られた事実だった。党のメッセンジャーを農村普及の最前線に使っても機能するはずがないと考えられていたのだ。

　西村たちが、村落開発普及員を活用することに消極的だった理由は、それだけではない。普及員の配属転換や離職率の高さ、モチベーションが低いことも問題視されていた。普及員のポストは、新卒者にとっては格好の就職口だったが、せっかく専門教育を受けて普及員になっても、政治活動ばかりさせられる。給料は安いし、長く務めていても将来のキャリアアップの道は開かれていないため、多くの若者は、次の仕事に転職する

ためのステップくらいにしか考えていなかった。そのうえに突然のトップダウンの人事異動が頻繁にある。同じ郡内での異動ならよいが、ほかの郡に出て行ってしまうことも多い。そうなると、せっかくプロジェクトで人材育成しても、毎年のように新配属の者に研修を繰り返さなければならない。

西村は、代案として、地元のNGOと契約して、現場の活動を委託することを主張した。萩原は、それをすぐに否定はしなかった。

「普及員は使えないという先入観は、一度、取り払ったうえで、どんな選択肢があるか、皆で話しあってみましょうよ」

NGOや村落開発普及員を含め、可能性のあるオプションをすべて挙げたうえで、それぞれの長所、短所について、もう一度、皆で議論してみる。そうすると、NGOにもデメリットがたくさんあることがわかってきた。

まず、プロジェクト期間を通じて、まとまった人数のNGOスタッフを確保するには、費用がかかりすぎた。そもそも、普及員と比べても数は少ないし、多くはアジスアベバやジンマなどの都市部に住んでいて、対象集落に頻繁に通ってもらうには物理的に無理があった。

一方、公務員として給料を得ている普及員なら、プロジェクトが負担するのは、わずかばかりの日当と旅費だけでよい。普及員にとっても、臨時収入になるので、インセンティブとしては十分だ。それに現場に最も近いカバレに住んでいるので、周辺の集落へは、基本的に徒歩で行ける。

集落への距離と人数、費用の面では普及員の方が圧倒的に有利だった。それにプロジェクトのノウハウを、少しでも行政機関のシステムに浸透させていくためには、能力やモチベーションが低くても公務員を活用すべきではないかという意見も出てきた。

「そういうふうに考えてみると、普及員はプロジェクトにとって最適な人材かもしれませんね。何しろ100人もいるんだし」

JICA事務所の中村が最初に発言した。

「確かにそうかもしれない。普及員は各カバレに3人ずつ住んでいる。

各集落を歩いて回れるし、ワブブだけじゃなく、同時に生計向上活動の支援もできる」

西村が続けた。

「それに365日、村で暮らしていて、毎日、政治活動をしているわけじゃないですよね。もともと農業や林業の専門教育を受けているのだから、彼らだってちゃんとした役割をもらえたら、やる気が出てくるんじゃないでしょうか」

吉倉も普及員の活用に賛成する側にまわった。

ムハマドの貢献とジレンマ

こうして現場の活動は村落開発普及員によって進めていくという案で全員が一致したのだが、そのためにもう一つ、解決しなければならない問題があった。普及員が所属する農業事務所と、森林公社との間の調整である。もともと両者は一つの組織だったものが、行政再編で森林公社が分離独立したあとは、縦割り行政の弊害や政策の優先順位の違いもあり、必ずしも良好な関係にあるとはいえなかった。そして、その森林公社が実施機関となっている事業に、農業事務所が人材を派遣して協力する義務はない。

この時、調整役となってくれたのは、プロジェクト・マネージャーのムハマドだった。ジンマ県の農業事務所長と個人的に親しかった彼は、人材協力によって農業事務所とプロジェクト双方にメリットがあるような取決めをすることで、村落開発普及員の活用を容認してもらうように了解を取りつけた。

例えば、農業事務所が普及員を集めて会合する必要がある時には、プロジェクト活動と合同で計画することで、参加者の旅費や会合費用の一部をプロジェクト側が負担できるように工夫した。普及員の数が多いことから農業事務所にとってはかなりの経費削減になるし、普及員にとっては、臨時の日当収入になった。

この時のように、ムハマドが持つ地元の人脈や情報にプロジェクトが助けられることはたびたびあった。8年半というプロジェクトの歴史の中で、多くの関係者が交代していく中、全期間を通じてマネージャーをつとめた彼の貢献は要所要所で欠かせないものだった。

　一方で、パイロットフェーズ以来、ムハマドと日本人専門家との間には微妙な距離があったのも事実である。普段は日本人にプロジェクトの運営を任せ、無関心を装っていた。彼自身、派遣元の森林公社が一向に応援の森林官を配属してくれないことについては不満があった。公社の関与がほとんどないまま現場が進んでいくのを見るにつけ、同じ森林官としては忸怩たる思いがあったかもしれない。公社の方針については、ムハマドは慎重にして、多くを語らない。

　このように、ムハマドの助け舟によって、農業事務所から普及員動員の了解を得られると、プロジェクトはさらに、現場の活動を管理し技術的サポートをするために、新たに専従の「コーディネーター」を雇用することを決めた。本来、この役割は森林公社のスタッフが担うべきではあったが、当時はそれを期待できる状況ではなかった。

　こうして、普及フェーズの活動が本格化する2007年半ばまでに、3人の若者がチームに加わった。ウォンドセン・テスフェウは、ジンマのプロジェクト事務所でエチオピア人スタッフの業務全般を監督するプロジェクト・コーディネーターに、キダネ・ビズネとアッバス・ジュマールは、シャベソンボ郡とゲラ郡のフィールド事務所に、それぞれ郡コーディネーターとして配属された。

　ただし、村落開発普及員の動員に加え、その監督役のコーディネーターも森林公社以外の人材を使って進めるということは、森林公社がプロジェクトに関与する機会がますます減ることを意味していた。本来、政府間協力であるODA事業で、相手国の実施機関以外の人材に頼りすぎるという状況は、相手のオーナーシップを引き出すうえで問題がないとはいえなかった。

　しかしどちらかを優先するしかないというなら、プロジェクトは次に述べる

ような理由で、外部人材をフルに使ってでも、活動を前に進めることにこだわった。

三つの「持続可能性」

　新しい戦略を捻りだした萩原は、日頃から開発プロジェクトを設計するにあたって、必ず考えるようにしていることがあった。それは事業の効果やインパクトを、どのレベルで持続させていくかである。

　萩原によれば、プロジェクトには「住民レベル」、「手法のレベル」、「プロジェクトレベル」という三つのレベルの持続性があり、そのうち何を優先するかによって活動内容やアプローチも変わってくるという。

　「住民レベルの持続性」とは、プロジェクトによって生まれた正のインパクトが、対象地域の住民の間で維持されていく状態を指している。ベレテ・ゲラの例に当てはめれば、プロジェクトが組織化したワブブという森林管理組合が、プロジェクトが終わったあとも自立して活動を継続していけるようになる状態をいう。住民レベルでの持続性を確保することは、対象国の行政組織が十分に機能していないか、住民に行政サービスが届きにくい地域では有効だと考えられる。

　次に「手法の持続性」とは、プロジェクトが導入した手法や参加型森林管理のモデルが、政府機関やほかの援助機関などでも採用され、場所を代えて再現・応用されるようになる状態を示している。この好例がファーマーフィールドスクール手法で、FAOが開発した普及システムが、ほかの援助機関やNGOによって、世界のさまざまな国・セクターで応用されている。また、エチオピアのアダバ・ドドラで実証されたワジブ方式が一部修正され、ベレテ・ゲラ森林のワブブ方式に応用された例も、一種の手法の持続性が確保された状態ともいえる。

　最後の「プロジェクトの持続性」は、外国の援助で始められたプロジェクトを、途上国政府機関が予算措置も含めて引き継ぎ、あるいは対象地

をほかにも広げていくようになる状態を指している。ここまでくれば被援助国政府がプロジェクトのオーナーシップを完全に掌握し、自助努力による開発を進める段階に至ったといってもよい。理想的にはすべての援助プロジェクトがこの段階を目指せれば良いが、それが難しいのが現実だ。

　開発途上国でのプロジェクト戦略を考える際には、現実を直視したうえで、何を優先し、何を諦めても許容できるかを割り切って考えなければならない時がある。

　ベレテ・ゲラの実施戦略を協議していた時、萩原はプロジェクトレベルの持続性には敢えてこだわらず、地域住民にインパクトを残すことを優先すべきだと考えていた。これまでの森林公社の消極的な姿勢を見る限り、彼らが外国の援助なしにワブブの支援を続ける見込みは薄かった。それならば、森林公社の組織強化や森林行政官の人材育成にエネルギーを割くよりは、住民の間にワブブという組織を残し、その機能強化を優先した方が、結果的に森が守られる可能性は高い。

　これは萩原だけでなく、少なくとも普及フェーズの戦略づくりに関わった現場の専門家とJICA事務所員の間で共有されていた考え方だった。そして、住民への普及活動の「手段」として、必ずしも森林公社の組織や制度を使うことにはこだわらず、ほかに使える人材がいるなら、それをフルに使えば良いと考えていた。ベストではないが、次善の策だ。

　一方で、森林公社のオーナーシップについては一貫してこだわりつづけた。これにはローカルコストの負担や最低限の森林行政官の配置も含まれる。評価調査の時に約束した普及フェーズ継続の条件の一つでもあり、また「相手国の自助努力を促す」という開発援助理念の本質をなす部分だっただけに、簡単に帳消しというわけにはいかなかった。

　しかし、森林公社のオーナーシップを引き出す努力はする一方で、現場の活動自体は森林公社の姿勢が変わるのを待たずに、どんどん進んでいくという状況は、矛盾がないわけではなかった。ここに現場のプロジェクト

チームが抱き続け、もがきながらも妥協点を探り続けたジレンマがあった。

西村の決意、萩原の覚悟、中村の心得

　プロジェクトの新戦略と活動目標、人員計画の基本路線について、現場レベルの方針がほぼ固まると、萩原と西村は、協議の結果をJICA現地事務所の所長に説明するためにアジスアベバに向かった。ジンマで議論した段階では、「全村アプローチ」をとることでいったんは合意した。だが、西村は、ここにきてプロジェクトの舵を大きく切ることについて、まだ内心で迷っていた。

　──チーフアドバイザーとして、自分は、本当にそれだけの責任を負いきれるだろうか…。

　明日は事務所で所長に会うという前夜、二人は首都の韓国料理屋で方針の最終確認をしていた。迷いや不安を完全には払拭できずにいる西村の心を見透かしたように、萩原がいった。

　「最後に決めるのはチーフの西村さんです。僕はアドバイスするだけ。仮に30集落でワブブを設立するだけでも、大きな成果だと思います。西村さんの実績は評価されるでしょう。でもそれだと、数年先、森林住民の間には何も残らないかもしれない」

　西村はしばらく考え込んでいた。そして、ようやく決意を固めたようだった。

　「いえ、やります。萩原さんが言うからじゃない。私もやるなら、すべての集落でワブブをつくらないと意味がないと思う。所長には、チーフアドバイザーとして私から説明します」

　西村のこの一言で、萩原も腹を決めた。

　3カ月前、西村から戦略づくりの手伝いを依頼された時、萩原は、自分の役割は、せいぜい1・2回エチオピアに出張して終わりだと思っていた。

　──こうなったら、自分もとことん西村さんをサポートしていこう。

　以後、萩原は5年半にわたって西村率いるプロジェクトチームをサポート

し、事業の運営に深く関わっていくことになる。

それを可能にするために、萩原が所属するFAOとJICAの間で専門家派遣契約が結ばれることになった。日本人とはいえ国際公務員という立場にある萩原を、日本政府の開発援助プロジェクトに派遣してもらうのは、むしろ異例なことだった。お互いの組織の規定や官僚機構に特有の煩雑な手続き上の問題をクリアする必要があった。

しかし、このプロジェクトには萩原の協力が必須と理解した中村は、関係部局間の調整に走り、契約に必要な条件をすべて整えていった。中村は、国際協力の仕事に就くきっかけとなったエチオピアに赴任するに際し、一人でも多くの人にプロジェクトの恩恵を届けるために、自分の役割は、現場の主役であるプロジェクトチームが十分に能力を発揮できる環境づくりに努めることと心掛けてきたのだ。

萩原の方も、自分の持てる知識や時間以外にも、FAOという組織のリソースも使えるだけ使ってプロジェクトをサポートしていくことで応えた。

萩原のエチオピア出張は、最終的に通算10回、300日以上に及んだ。

5. ワブブをはじめる

ワブブの「組織化」と「機能化」

JICA事務所への最終報告が終わると、戦略アドバイザーとしての最初の役目を果たした萩原は、いったんローマに帰って行った。現場に残されたプロジェクトチームは、早速、参加型森林管理のマニュアルづくりにとりかかった。これを1年以内に完成し、現場で活用する森林行政官や普及員を対象に研修を行うことが、プロジェクトを継続する条件の一つになっていた。

マニュアルでは、参加型森林管理体制を確立するまでの全工程を、「ワブブ組織化」と「ワブブ機能化」という二つの段階に分け、各段階で次のようなステップを踏むように手順を定めた。

第1段階：ワブブの組織化

　「ワブブ組織化」マニュアルでは、森林管理組合の設立から暫定森林管理契約締結までのプロセスを、ステップごとに説明している。まずカバレ（行政村）レベルで参加型森林管理体制についての説明会を開き、ワブブを設立する集落を選定する。選ばれた集落では、住民総会を開いて意向確認をしたあと、村の長老や森林官など関係者の立ち合いのもと、管理保全の対象となる森林の境界線を確定する。そして、季節利用者を含む、すべての森林利用者を組合員として登録したあと、ワブブ執行役員の選挙を行う。ワブブと森林公社が、暫定森林管理契約に署名をすることで、第1段階の手続きが完了する。

第2段階：ワブブの機能化

　ワブブを設立しただけでは、まだ名目上の組織にすぎず、特にそれが外部の働きかけでつくられたものであれば、継続的な活動がなければすぐに有名無実化してしまう。そのため、第2段階では、ワブブが自立した住民組織として森林管理を担っていけるよう、機能強化のための支援を行うことにしていた。

　このプロセスでは、組合の内規づくり、森林位置図（土地利用区分図）の作成、森林公社との合同モニタリング、森林行動計画づくりといった作業を進める。この行動計画が森林公社に承認され、森林管理の本契約を結ぶことで、参加型森林管理体制が確立されたものとみなされる。

　マニュアルでは第1段階と第2段階、それぞれに要する期間を1年間とし、すべての工程を2年間で完了できると想定していた。この想定のもと、プロジェクトの活動計画では、最初の年に40集落程度を選んで「ワブブ組織化」を始め、1年後の暫定森林管理契約の締結を目指す。2年目に第2段階の「機能化」の支援に移行し、森林行動計画作成とその試行を経て、本契約を結ぶというサイクルを計画した。

最初に選ばれた集落グループでの活動と並行し、1年遅れで新しい集落グループのワブブ組織化を始めていけば、3年間で3回の作業サイクルを繰り返すことができる。これにより、124すべての集落で、少なくともワブブ設立と暫定契約締結までは終わらせることができる。ベレテ・ゲラに44あるカバレは、三〜五つの集落で構成されているので、各カバレから毎年1集落程度を選んで組織化を進めればよい計算だった。

　しかし、実際には、この後、述べていくように、境界確定で住民ともめたり、森林行動計画の内容を巡って、関係者間の調整が難航するといった障害に遭遇し、計画に遅れが生じることがあった。

継続の承認、そしてボタンの掛け違いのはじまり

　ともあれ、こうしてワブブ・マニュアルが完成したことで、プロジェクト継続のための条件の一つがクリアされたことになる。しかし、もう一つの条件、森林公社によるローカルコストの負担とプロジェクト応援の職員の配置が課題として残っていた。

　そのため、事業継続の可否を決めるにあたっては、チーフアドバイサーの西村だけでなく、JICA事務所の中村や安藤も何度も森林公社本部に足を運び、交渉を続けていた。それですべてが解決できたわけではなかったが、多少の遅れはあるもののローカルコスト負担について改善があり、また少なくとも書類上では森林官の配置がされていたことなどから、普及フェーズの継続が正式に承認されることになった。しかし、この問題は、プロジェクトの全期間を通じて、最後までくすぶりつづけるのである。

　そもそも森林公社の内部では、商業造林地の管理などの事業収益が見込める部門で働く森林官が重用され、短期的な歳入を生まない天然林の管理は外国の援助機関に任せておけばよいという風潮があった。郡の森林官は造林地の管理で忙しい。仮に、書類上はプロジェクトに配属されていても、現実問題として、通常の業務負担の軽減やワブブを巡回す

る交通手段の確保など、公社内のサポート体制が整わなければ、現場には行けなかった。

このような森林公社の組織としての方針と、現場の森林官の感情はまた別のものだった。自分たちが管轄する森林保護区内での活動なのに、プロジェクトが雇用したコーディネーターや農業事務所の普及員が活躍していることにプライドが傷つけられ、妬みや疎外感が生まれ、それが時にはプロジェクトに対する敵対心のようなかたちで現れることもあった。

もっと現実的な不満もあった。村落開発普及員が現場に行けば、プロジェクト予算から即日、日当宿泊費などの諸手当が支給される。これは普及員が森林公社には所属しない外部人材だからである。

ところが森林官の手当については、JICAとの協力合意の中で森林公社が負担する取決めになっていたため、支払いの遅延や不払いが多かった。公務員の給料が低く抑えられている途上国ではよくあるトラブルなのだが、わずかな日当も現場の公務員にとっては死活問題である。普段はあまり感情をあらわにすることは少ないエチオピア人が、激しくクレームしたり、会議をボイコットしたりして、日本人専門家をしだいに消耗させていった。

こうしたボタンの掛け違いから、森林官が現場活動に非協力的になると、ますます外部人材に頼らざるを得ないという悪循環に陥り、協力関係を維持することが難しくなることもあった。

吉倉利英、グラ集落に入る

しかし現場は待ってはいられなかった。問題を抱えながらも、ワブブ・マニュアルが完成し、事業継続がひとまず承認されると、村落開発普及員を中心に現場は動き出していた。まずは、でき上がったマニュアルを教材に、参加型森林管理の研修を行った。普及員の配属状況や居住地なども考慮し、初年度にワブブ組織化を進めていく41集落が選ばれ、2007年4月から一斉に普及活動が始まった。

それでは実際の現場はどのように進められていったのだろうか。

　ゲラ森林内にあるグラ・アファロ行政村（カバレ）には、アファロ、グラ、バレという三つの集落がある。アファロはパイロットフェーズで最初にワブブを設立した村の一つだったが、普及フェーズに入り隣のグラ集落が新しい支援対象に選ばれた。隣村とはいっても、アファロとグラとでは立地条件が大きく異なっていた。車で行くことができるアファロと違い、グラへはさらに森の奥まで8キロの山道を歩かなければたどり着けない。

　そのグラ集落で、ワブブ設立準備のための森林境界確定が行われることになった。この作業には郡や森林公社の行政官、隣接集落の代表者の立ち合いが必要で、プロジェクトチームからは、吉倉とゲラ郡のコーディネーターに採用されたばかりのアッバスが同行した。

　天然資源管理と業務調整担当の専門家として派遣されていた吉倉は、当時32歳。静岡で生まれ育ち、家の近くの川や林といった自然の中で遊ぶことが好きな少年だった。その故郷の自然が開発でどんどん失われていくのを見て、いつしか環境保全に携わる仕事をしたいと思うようになった。大学で森林生態を学び、青年海外協力隊員としてマラウイで森林経営分野のボランティア活動をしたが、経験と知識不足を痛感した。帰国後は民間企業を経て、大学院でアグロフォレストリーを学びなおした。

　2005年から、JICA本部の地球環境部でベレテ・ゲラ・プロジェクトを担当するようになり、パイロットフェーズの評価調査にも参加した。吉倉にとっては、長期駐在の専門家としてプロジェクトに派遣されるのは初めてということもあり、経験のためにも境界立ち合いやファーマーフィールドスクールの巡回指導など、可能な限り現場を回ることを心がけていた。

地図では測れない距離

　グラ集落へは、距離もあるが、境界確定の作業自体にも時間がかかるので、森の中で3・4日のキャンプを張る準備をして出かけた。朝4時に車

でジンマを出発し、2時間かけてゲラ郡中心のチラ町に到着した。そこからは未舗装道路に入ってアファロに向かうのだが、途中で車がぬかるみにはまってしまい、これ以上は前に進めなくなってしまった。そのため仕方なく荷物を担いで徒歩で行くことになったのだが、本来なら車でチラから1時間ほどの道のりを昼頃までかかってようやくアファロ村に到着することができた。ここから先は、さらにグラまで水や食料を運ぶためにロバを借りる交渉を村人とはじめた。謝礼の額を巡ってもめにもめた末、ようやく金額で折り合いがつくと、村の家々につながれているロバを集めてもらい、やっとのことでグラに向けて出発することができた。

すると山道に入って歩き始めた途端、狙い定めたかのように大雨が降りだした。ずぶ濡れになりながらも歩き続けるしかない。普通に歩いても険しい山道だが、ぬかるみにはまると、一歩進むごとに足を抜きながら進まなければならず、急激に体力が奪われていった。

その雨が止んで一息つくと、今度はアファロからついてきていた馬主とスタッフの間で、突然、口論が始まった。なんと、日が暮れるから今日は引き返すというのである。ここで帰られたのではたまらない。頑固に言い張る馬主にチップをはずみ、一頭分の荷物を翌日運んでもらうことで妥協して一行はさらに前へ進んだ。

四輪駆動車でも困難な悪路
写真：渋谷敦志/JICA

蔓草で編んだ吊り橋で濁流を渡る
写真：吉倉利英

深い森を抜けてようやくグラ村に到着する頃には、どっぷり日が暮れていた。電気もなく真っ暗な村で時おりオイルランプの光がちらちらとゆれている。グラ集落には130世帯の農家が暮らし、農耕と牧畜、フォレストコーヒーの収穫によって生計を立てていた。村には小学校があり、境界確定チームはその敷地を借りてテントを張った。ずぶ濡れの服を着替えて炭火にあたり、冷え切った体を温めてようやく人心地つくことができた。

　——「アクセスがない」というのはこういうことなのだ。

　そこには、地図では測れない距離があった。

境界地点を目指して

　グラ村では長老たちの話を聞きながら、隣の集落との境界の目印となる箇所を教えてもらい、地図に書き落としていった。特に、森林と居住地の境界、境界線が不明瞭なところなど、トラブルになりそうなところにはあらかじめ印をつけた。

　川や大きな岩など、村人が集落の外境界として認識している場所は全部で6カ所あり、どこへいくにも片道3・4時間はかかるらしい。翌日、一行は三つのグループに分かれて別々の境界地点を目指すことにした。

　山道のアップダウンはかなり急で、人や獣が踏みならした跡が、わずかに見分けられるだけのところもあった。鬱蒼と茂る天然林の中を、背丈ほどある草木や高木から垂れ下がる蔓性植物をかき分けながら進んだ。足元には、張り出した木の根や、棘のある灌木がまとわりつく。急な斜面では、地面に落ちた枯葉などで滑らないよう、用心して歩かなければならなかった。

　ところが村人は慣れたもので、急なけもの道の中を、枝をかき分けすいすいと進んでいく。外国人の訪問を珍しがってついて来た子どもたちは、仔ヤギが飛び跳ねるように、森の中を自在に駆け回っていた。

　途中、雨季で増水した川を越えなければならなかった。当然ながら橋はなく、蔓草で編んだ縄を一本通しただけの吊り橋が懸かっていた。縄は不

安定で、滑りやすく、揺れも激しい。眼下にはすぐ足元まで水嵩を増した濁流がうねっていた。村人は吉倉に、下を見ないようにと声をかけた。下を見てしまうと、慣れた村人でも目が回ってしまうというのだ。山歩きには慣れているつもりだった吉倉にとっても、かなりスリルのある経験だった。

川を越えてしばらく歩くと、コーヒーの原木がある森にさしかかった。びっしりと苔むした大木が何本も聳え立つ薄暗い森の中に、いつの昔からそこに生えているのか、天然のコーヒー林が広がっていた。生まれて初めて見るコーヒーの原生林に、吉倉はしばし疲れを忘れた。

こうして、ようやくたどりついた隣村との境界は小さな川になっていて、清流の音に心が癒された。沢沿いに歩きながら、GPSで測定した場所を記録していく。川のような自然の境界がないところでは、大木や巨岩が目印になっていて、位置を測定しながら赤いペンキを塗って印をつけていった。

境界の目印となる木に印をつけていく　　　　　　写真：西村勉

数日間にわたった境界確認作業をすべて終え、村に戻ると普及員らと熱い紅茶で束の間の祝杯をあげた。これが日本ならゆっくりと風呂にでもつかりたいところだが、泥だらけの手足をタオルで拭っただけでテントの中に潜り込んだ。するとその夜もすさまじい雷雨に見舞われた。それが小降りになり、ようやく眠れるかと思うと、今度は、潰しても潰しても腕や足を這い上がってくるダニに悩まされた。

「ダニだって生きている。これも生物多様性との共存なのだ」

吉倉は自分に言い聞かせた。

そんな眠れない夜には、「どうして自分のような日本人がこんな僻地(へきち)に来て、ストレスを抱えながら森林保全のための協力をしなければならないのだろうか」ということを考え続けていた。

仕事だと言ってしまえばそれまでだ。だがプロジェクト管理のためだけなら、何も日本人がやる必要はない。参加型森林管理の分野でも、この国ではヨーロッパ人や国連の専門家の方に一日の長があった。では、ここで日本が森林分野の協力をすることの意味は何だろうか？

吉倉は、日本人としての自分が持っている強みについて考えてみた。

現場を大事にし、地道に試行錯誤を繰り返しながら、その土地の実情にあったモデルを作り上げていく。それを現地の人と一緒にやることで、相手の能力や適性を踏まえた人づくり、長期的な視野に立った国づくりの手伝いができる。それが日本の協力の良いところなのかもしれないと思った。

このように骨の折れる境界確定作業は、初年度にワブブ設立の対象となった41の集落で、一つひとつ順番に進められた。グラ集落のように比較的スムーズに境界確認ができる村もあれば、時にはトラブルが発生することもあった。

住民との対立発生

ワブブの組織化を始めて1年近くたった頃、ゲラ森林の西部にある三つの集落でトラブルは起こった。境界確定のための森林踏査を始めてしばらくして、住民が急に「これ以上は、ワブブの活動には協力しない」と言い出したという。コーディネーターのアッバスによると、住民総会の開催や、ワブブ設立の合意までの手続きは、順調に進んでいたのだが、いざ、境界確定を始める段階になって、普及員と住民の間で口論になってしまった

というのだ。

　報告を聞いた吉倉は、ほかのコーディネーターや森林官らとともに、現場に向かった。詳しい事情を聞いてみると、トラブルの発端は、普及員自身が参加型森林管理について十分に理解しないまま、マニュアルどおりに強引に手続きを進めてしまったことにあったようだ。

　この地域の農家は、前政権時代にも林地から強制的に退去を命じられた経験があり、「境界確定」という言葉自体に敏感に反応するようになっていた。また、パイロットフェーズの対象集落は、製粉機や改良養蜂箱など、多くの物的援助をもらっていたことを知っていて、今度は自分たちが何かもらえるのではないかと、過度な期待が高まっていた。しかし、これに対して普及員からは何の説明もなく、いざ始めていると、地味であまりメリットも感じられない森林管理活動に協力させられた。これまでにも森林公社に不満を持っていたこともあり、たまっていた不信感が一気にプロジェクトに対してぶつけられたのだ。

　プロジェクトチームの方でも、境界確定などを巡っては、トラブルが発生することは、ある程度は予測していた。上意下達式のエチオピアの行政機構の中で、これまでの普及員たちの仕事といえば、役所が決めたことを、一方的に農家に伝えるのが仕事だった。いくら参加型手法のマニュアルを作り、一度研修を受けたとしても、住民と対等に話し合いながら合意形成していくというやり方には簡単には馴染めなかった。

　普及員の経験不足を補うためには、森林官やプロジェクトスタッフ、時には、吉倉ら日本人専門家も一緒に巡回指導をし、徐々に改善していく予定だった。しかし圧倒的に人手が足りないうえに、対象地の広さと険しい地形が、予想以上の障害になっていた。2人の郡コーディネーターは、ジンマではなく、森林地域内の郡事務所に駐在していたが、集落と集落の距離もかなりあり、当初、考えていたほどきめ細かいサポートはできなかった。その結果、トラブルが発生するたびに、対処療法的に解決していくの

が精いっぱいということも多かった。

 それでも、1年半後、ワブブ組織化支援を始めた41集落中、34集落で暫定森林管理契約の署名にこぎつけることができた。予定より少し時間はかかったものの、8割以上の達成率であり、全村でワブブ設立という目標に向けて、一歩一歩、着実に成果を積み上げていこうとしていた。

第3章

自律して活動する農民を育てる

青空の下で開かれるファーマーフィールドスクール（ケニアにて）　　　写真：筆者

6. ファーマーフィールドスクールを見に行く

相棒からの電話

2007年1月、小川慎司は、ケニア、ナイロビ郊外のグレートリフトバレー（大地溝帯）のラフロードを、愛車のホンダCRVで疾走していた。パラグライダーで滑空するサイトを探していたのだが、その日はあいにく風が良くなかった。諦めてナイバシャ湖を見下ろす丘を走っているところで、携帯電話が鳴った。国際電話のようだが、見慣れない国番号だ。

――いったい、誰だろう？

応答すると、聞きなれた声がした。

「ちんちゃん、ひさしぶり。元気？」

萩原雄行だった。

「今、出張でエチオピアに来てるんだけど。今度、こっちのJICAのプロジェクトでも、ファーマーフィールドスクールをいれることになった。ちょっと手伝ってくれないかな」

萩原は、ベレテ・ゲラの戦略づくりの手伝いで、エチオピアに来ていた。西村勉をはじめとするプロジェクトチームと協議した結果、エチオピアでもファーマーフィールドスクールを取り入れた普及活動を行うことが決まると、その場ですぐに小川に連絡したのだった。

小川と萩原は、1997年にパナマの森林プロジェクトで一緒に仕事をした時からの旧知の仲だった。小川は、これより3年前の2004年からJICA専門家としてケニアに駐在し、社会林業の普及指導に携わっていた。その立ち上げ時、萩原にケニアに来てもらい、国連食糧農業機関（FAO）が開発したファーマーフィールドスクールを採用した普及システムの構築を手伝ってもらっていた。今度は、萩原が小川に助っ人を頼む番だった。

「今、エチオピアのプロジェクトチームに、フィールドスクールのことを説明していたんだけど、ここでは前例がなくて困ってる。それで、一度、ケニアに行って実際のセッションを見てもらおうと思ってるんだ。エチオピア人

の受け入れを頼めないかな」

　1982年に信州大学の林学科を卒業した小川は、その後、青年海外協力隊員としてコロンビアに渡った。以来、ずっと森林分野のJICA事業に携わってきた。

　プロジェクトへの関わり方やキャリアパスは違っていたが、萩原とは参加型開発や森林普及に対する考え方に共感できるものがあった。小川から見れば、一見、アメリカの名門大学を出たエリート風でいて、下町育ち的なノリの良さも併せ持った萩原とは意気投合していた。

　小川が途上国に長期間じっくり駐在し、相手国の行政官とともに現場の活動を地道に積み上げていくタイプだったのに対し、萩原はプロジェクトの要所要所で各国を飛び回り、指導していくタイプだった。二人の間では、萩原がプロジェクトの大きな戦略を描き、それをもとに小川が現場に合わせて緻密な活動計画を詰めていくという役割分担ができあがっていた。

「壁のない学校」

　「壁のない学校—a school without wall」とも呼ばれているファーマーフィールドスクール（FFS）は、もともとは1989年に、FAOの病害虫管理専門家のアメリカ人、ケビン・ギャラガーが中心になり、インドネシアの稲作分野で開発した参加型普及・体験型成人学習手法である。

　FFSは、FAOの総合病害虫管理（IPM）プログラムと連動して、1990年代前半に東南アジア諸国に急速に広まり、1995年頃からケニアをはじめとするアフリカ地域や中東諸国でも採用されるようになった。現在までに、FAO以外の国連機関、二国間援助機関、NGO、そして途上国政府などが採用し、90カ国以上で実践されている。活用する分野も稲作だけでなく、あらゆる農業技術、畜産、水産、土壌水資源管理、保健医療、コミュニティ復興支援などの普及でも有効性が実証されている汎用性の高い手法だ。

FFSは、いわゆる農民の青空教室なのだが、一般的には20〜30人の農民がグループをつくり、住んでいる村の中に設けた学習用農地（ホストファーム）に、週1回程度、定期的に集まり、学びの対象となる「小規模事業」（FFSでは「マイクロ・エンタープライズ」と呼んでいる）の比較栽培試験を行う。

　ホストファームで観察したことは、参加者が小グループに分かれてテーマごとに分析、発表し、害虫の発生といった問題や、農地で気づいたこと、疑問点について全員で話し合う。この時のセッションの進行役は、参加者に答えだけを教えるということはしない。

　FFSの特徴と利点は、座学形式で概念的な知識を伝達するのとは違い、参加者が主体となって計画した実験と観察によって、新しい知識を体験的に習得するプロセスを支援することにある。これによって、特定の知識・技術だけでなく、農村生活のさまざまな問題に対する基礎的な課題対応能力、グループによる意志決定能力の向上を図ることができる。

　FFSの開校期間は、学習対象によって異なるが、単年性作物であれば地ごしらえから収穫までの数カ月から半年程度、果樹のように成木になるまで時間がかかるものについては、苗木や接ぎ木の生産から植林、その後安定した成長期に至るまで、1年以上観察を続けることもある。

　毎週のミーティングに長期間出席し続けることは、参加する農民の側にもそれなりの強い意志が求められるので、学習意欲が低い人、プロジェクトから物を貰うことだけを期待して集まってくるような人は、おのずと脱落していくことになる。

　長期にわたって続けられるFFSでは、セッション運営そのものも、徐々に参加者に主導権を移していく。グループ運営、学習内容の分析・発表といった活動を通じて、リーダーシップやコミュニケーション能力なども養われ、農民グループの自助努力を引き出すことが可能になるといわれている。

　貧困農民などの社会的弱者が本来持っている潜在能力を引き出すこと

を、社会開発では「力を与える」、「権限を移譲する」という意味の英語で、エンパワメント（empowerment）と呼んでいる。FFSの利点は、農民グループのエンパワメント効果が期待できることにある。ただし、その効果の発現は、セッション進行役の力量や経験に依るところが大きいのが弱点といえる。

農民ファシリテーター

ファーマーフィールドスクールでは、参加者の学習プロセスを支援する進行役のことを、「FFSファシリテーター」と呼んでいる。ファシリテート（facilitate）には、「促進する」、「手助けする」という意味があり、知識を教授する「講義者」ではなく、参加者自身の学びや気づきを促し、セッションの運営全般を支援する「伴走者」のような役割を果たす。

このファシリテーター役は、最初のシーズンでは公務員である農業普及員や専門官が担うのが普通だが、その後、FFSに参加した農民の中から、適性が高いと思われる者を選抜して「農民ファシリテーター」として育成することが多い。普及員などの人材が不足している国でも、2回目のシーズン以降、農民を活用して新たなFFSの運営を任せることで、対象地やグループを拡大していくことができる。いわゆる「ファーマー・トゥ・ファーマー」（農民から農民へ）による普及活動である。

農民ファシリテーターは、普及員より安い日当でサービスを提供できるし、その地域に住んでいるため、徒歩か、わずかな交通費の支援があれば、近隣のFFSグループを訪問することができ、しだいに遠隔地へと活動を広げていける。普及員のように人事異動がなく、地元に残り続ける人材であり、その土地の農牧林業の現状や農家の事情にも精通している。また、ピア・ラーニング（仲間同士の水平的な相互学習）を基本とするFFSの運営には、農民が進行役を務める方が、普及員よりも適している場合もある。

農民ファシリテーターは、従来のモデル農家とはいろいろな点で異なって

いる。まず、その選抜方法だが、モデル農家アプローチでは、地域の有力者や篤農家など、従来から発言力が強く、普及局やプロジェクト側が優秀だと考えている農家が選ばれることが多い。普及員にとっても、その方が安全で、失敗するリスクが少ない。

一方で、FFSの農民ファシリテーターは、仲間の農民と一緒に活動を続ける中で、高い学習意欲や適正を発揮するようになった者を、メンバー間の互選によって選ぶ。この方法だと、従来からの農村社会の力関係によらず、強い発言力よりも、むしろ「聞く力」や「調整力」に長けた女性や若者が選ばれることも多い。ボトムアップのプロセスにより、それまで能力を見過ごされていた新しいリーダーを発掘・育成できる可能性もある。

また、農民ファシリテーターの育成には、モデル農家のような過大な投入を必要としない。FFSの運営自体のコストが低いうえ、卒業後、1週間程度の補完研修を行うことで育成できる。FFSシーズンの途中で候補者を選抜し、後半は普及員とペアを組んでその農民自身が所属するグループのセッション運営を補佐するという実践訓練を行って経験を積んでもらう場合もある。

なぜファーマーフィールドスクールなのか？

このような特徴を持つファーマーフィールドスクールを、萩原がベレテ・ゲラに導入することを提案したのには、主に三つの戦略的な理由があった。

第一の理由は、森林管理に協力する住民の生計向上を支援することで、森林への圧力を軽減するためである。ワブブを設立した集落が森林管理契約を結ぶと、既存の農地や放牧地を拡げることができなくなる。それを契約だけで縛るのではなく、FFSによる技術指導によって、これまで有効利用されていなかった住居周辺の屋敷畑の活用や、既存の農地の生産性向上を図ることができれば、森林を伐採して土地を拓く必要性が減る。ここにパイロットフェーズで導入された生計向上活動との違いがあっ

た。ベレテ・ゲラのFFSでは、特に労働集約的で換金性の高い野菜などの園芸作物の栽培が奨励された。

　第二に、農民グループ、ひいてはワブブの組織強化のためである。萩原は、比較的、長期間にわたるFFSのグループ学習プロセスを通じて参加者のエンパワメントを図り、プロジェクト終了後に行政の支援がなくても自立して森林管理活動を続けられる堅固な住民組織を育てたいと考えていた。

　最後に、地域の普及人材として農民ファシリテーターを育成し、彼らにFFSの運営だけでなく、そのほかの現場活動も担ってもらうためである。広大な森林保護区で、すべての集落を対象に森林管理のための活動と、二つの生計向上活動を同時に展開していくためには、村落開発普及員の大量動員をもってしても、マンパワーが絶対的に不足していた。FFSで育成される農民は、これを補う最適の人的リソースになると考えられた。

　この三つの理由に加え、FFSはグループ当たりの活動コストを最小限に抑えることで、少ない予算でより多くの集落を支援できるため、公平性にも優れていた。1グループ30人の1年間のFFSの活動予算は、普及員の日当やグループ間の交換訪問の費用などを合わせても、4万円にも満たない。前フェーズでは、一部のパイロット集落に支援を集中したことが、周辺の住民の不満を招いた。FFSは、技術や知見の普及が中心で、ホストファームでの教材費を除けば、参加者個人への物の供与はしないので、依存心が生じるのを避けるだけでなく、むしろ、農民の向上心を刺激し、自助努力を引き出す「ほどよい」レベルの投資ともいえた。

ベレテゲラチーム、ケニアへ行く

　萩原が最初にエチオピアを訪問してから2カ月後の2007年3月、ベレテ・ゲラから西村、吉倉利英とムハマド・セイド、それに郡の森林官3人をつれ、小川が指導しているケニア社会林業プロジェクトのFFSの視察旅行に

出かけた。

　アジスアベバからナイロビまでは、2時間のフライトだ。一行は、ナイロビに到着すると、小川の案内でケニア森林サービスを訪ね、普及局の次長でプロジェクト・マネージャーを務めているパトリック・カリウキをはじめとする森林行政官の話を聞いた。ケニアのプロジェクトは3年目に入り、森林普及員が運営するFFSが17校、農民が運営するFFSが73校、合計90グループが活動中だった。カリウキによると、すでに3シーズンが終了し、140グループ、約3,000人の農民が卒業しているという。

　カリウキは、小川とFFSを始めて以来、この普及手法の強力な推進者になっていた。植林分野の普及でFFSを採用するのは初めてのことだったが、その使い勝手の良さが実証されると、ほかの援助機関が出資するプロジェクトにも積極的にFFSを取り入れるように働きかけていた。

　オロミア森林公社からきたムハマドにとって、ケニア旅行は初めてのことだった。どんな森林行政や普及活動が行われているか、関心を持ってきた。FFSのメリットは何かと問うムハマドの質問に、カリウキが答えていった。

　「行政の立場から言うと、FFSを使えば効率的で着実な普及活動ができるし、事業の進捗管理がやりやすい。グループを対象にするので、個々の農家を相手にするよりずっと効率が良い。FFSは金がかかると批判する者もいるが、農民1人当たりのコストはむしろ安い方だ。

　それに植林活動の定着率が高いのが何よりのメリットだ。普通の農民は、植林の経験がほとんどないから、失敗が怖くて、なかなか自分の土地で試すことができない。木が育つには時間がかかるし、それなりの投資もいるから、貧しい農民にはリスクが高すぎるんだ。それに比べて、FFSではグループのホストファームで約1年半かけて、苗木や接ぎ木の生産から、育林までを実際にやってみる。それによって実践的な知見が身につくし、失敗の不安が減ると、じゃあ、自分の土地でもやってみようかという気になる。

それに、FFSを1シーズンやるたびに、農民ファシリテーターの数が増えていくから、今後は普及員よりも、農民が運営するFFSの方が多くなるはずだ。森林サービスは、農業局のように多くの普及員を抱えているわけじゃないから、農民を使って活動地を広げられるのが、われわれにとって最大のメリットだ。
　まあ、話をするより、明日から実際にFFSを見てもらえばわかるだろう」

青空教室を見学する

　翌日、ベレテ・ゲラのチームは、カリウキと小川の案内で、ムベレ県ギクヤリ村にある「ムテザニア」（「助け合い」の意）という名のグループの授業参観に行くことになった。現地の営林署からは、森林普及員でFFSの運営支援をしているエルヴィス・フォンドが合流した。

　ムテザニア・グループは隣村の女性の農民ファシリテーターによって運営されていた。朝、8時過ぎに村に着くと、彼女は、すでに青空教室となる村の大きな木の下で授業の準備を始めていた。プロジェクトから提供された文房具や教材を、大きなブリキの箱から出し、定位置に並べていくことで、木陰に即席の教室ができ上がる。前方の木や柱には、模造紙に書いた時間割と学校の規則が掛けられた。

　時間割には、朝9時から12時半まで、3時間半のFFSセッションのスケジュールが書かれてある。朝のお祈り（これは対象地の宗教や習慣に合わせる）に始まり、出欠の確認、前週の復習、ホストファームの観察、グループ発表とディスカッション、今日の特別講義、という具合にスケジュールが組まれていた。

　学校規則には、グループのスローガンとともに、『遅刻は罰金50シリング』、『携帯電話はマナーモードにする』、『教室では禁煙！』などといった、参加者全員で決めたルールが書かれている。

　小道具を並べ終わると、ファシリテーターは最後に、備品箱から真新し

い壁掛け時計を取り出し、大木の幹に取り付けた。アフリカで時間が合っている時計を見ること自体が珍しいが、青空教室の大樹の幹に掛けられたピカピカの時計は一際目立っていた。貧困世帯では、子どもの頃に正規の学校に通えなかった農民も多い。フィールドスクールではこのように、時間割やグループの決まり事を設けて規律を正すことも一緒に学ぶ。

　そうこうしているうちに、メンバーが三々五々集まってきた。中には、赤ん坊を連れた女性や、足を引きずって歩く老人の姿もある。村の中で授業をすることで、遠くの研修所には通えない人も、気軽に参加できることもFFSの利点の一つだ。

　始業の時間になり、ファシリテーターがメンバーの一人に目で合図を送ると、そのメンバーが出席簿を取り出し、全員の名前を呼び始めた。これに遅れてきた人は、出席を取り終わるまで皆の後ろに立たされたままだ。彼らは遅刻の罰として、グループの前で歌を歌ったり、小咄などを披露しなければならない。「アイスブレーク」ともいわれる参加型ツールで、文字どおり「氷を解かす」ようにメンバーの笑いを誘うことで緊張を解きほぐし、朝の眠気を吹き飛ばすために良く使われる。

　続いて、数人の小グループが前に出て来て、前回の復習を始めた。FFSでは、これを「ホストチーム」と呼んでいる。20〜30人のグループを四つくらいの小グループに分け、毎週交代でセッションの進行役を務めるのだ。ファシリテーターは後ろの方から様子を見ているだけで、可能な限り、スクールの運営をメンバーに任せている。

　森林普及員のフォンドの説明によると、「開校当初は、ファシリテーターがセッションをリードすることが多かったが、回を追うごとにメンバーが中心になって運営できるようになってくる」のだという。

　最初は普及員、次に農民ファシリテーター、そしてしだいに参加者のホストチームという風に、スクール運営の主導権が徐々に農民へと移っていく。

ホストファームで試すメリット

　FFSのセッションの中心になるのが、「農業生態系分析（アエサ）」と呼ばれている比較栽培農地（ホストファーム）の観察と分析、発表の時間である。フィールドスクールは、もともと病害虫管理手法の普及を目的に開発された手法で、農薬やそのほかの生物学的手法による病害虫や雑草駆除の効果について、実際にホストファームを観察することで、知識を身につける発見型学習をサポートするようにできている。これを社会林業に応用する際も、農業生態系分析をセッションの中心に置く基本スタイルは変えず、ホストファームでの農作物や樹木の比較栽培を行い、定期的に測定観察するようにしていた。

　比較栽培の方法は、ホストファームをいくつかの区画に分け、異なる栽培方法（播種方法や植栽間隔、灌水、肥料の適用、品種比較、混作物の導入など）を試してみる。生長の早さや収穫の違いに加え、病害虫や雑草の発生、管理にかかる労力・時間・コストなど、農民の使い勝手に関わるさまざまな側面から総合的に比較検討する。

　農業試験場などで科学的、技術的に実証済みの品種や栽培技術であっても、対象地域に特有な自然環境や農家の生活様式、労働力の制約によっては、どこでもそのまま実践できるわけではない。FFSでは、農民

ホストファームを観察する　　　　　　　　　写真：西村勉

が実際にホストファームで試行することによって、標準的な技術を地域の条件に合うように改善していく。参加者は、みずからの目で見て経験的に得た情報に基づき、何を採用するかを自分で決めることができる。

　農業生態系分析の発表が終わると、コーヒーブレークや、メンバー全員で歌を歌ったり、体を動かして踊ったりというの小休止の時間が取り入れられている。この時間を活用して、スクールで学んだことなどを歌詞にのせて歌ったり、地域の環境や生活問題を題材とした寸劇にして伝えたりすることもある。農民が楽しみながら参加できる工夫が随所に取り入れられているのだ。

青空の下で体を動かして小休止　　　　　　　写真：吉倉利英

農民こそがエキスパート

　ムテザニア・グループの視察を終えたあと、エチオピアとケニア双方のプロジェクト関係者は郡の営林署に戻り、感想を話し合った。

　普及員のフォンドは、ファーマーフィールドスクールの利点は、農民の潜在能力を引き出すことだという。

　「以前は、俺たちの方が農民より知識があると思っていた。ところが、毎週村に行って話をしているうちに、昔からの土地の知恵というのか、俺たちが知らないことを農民が知っていることがわかって驚いた。逆に教えて

もらうことも多かったんだ。

　そして、1年間やっているうちに、農民も自分たちでできることがたくさんあることに気がついて、自信がついてくるんだ。それで、スクールで学んだことを使って、グループで小さなビジネスを始めたり、他人の援助に頼らなくてもできることから始めて、生活を良くしていこうとする意欲が沸いてくる」

　ムハマドは、フォンドの話を聞きながら、ケニアとエチオピアの違いについて考えていた。ムハマドが驚いたことの一つは、ケニア人女性の活発さだった。男性より女性の参加者の方が、積極的に発言している。フォンドによれば、一般的に、普及サービスなどの学習の機会にあまり恵まれない僻地の農民や女性の方が、熱心に参加する傾向があるという。

　それにしても、ケニアとエチオピアでは、読み書きなどの農民の基礎的な能力やグループ活動の習慣などにも大きな差があった。ケニアではもともと農民のグループ活動が活発だ。目的は、農業、小規模ビジネス、社交などさまざまで、多くがグループ貯蓄活動を基盤としている。地域の社会事務所で簡単にグループ登録ができ、共同でローンを借りてビジネスを始めることもできる。

　一方、エチオピアには、農民が自主的につくったグループはほとんど無く、政府が農村部を統制し、公共事業などの労役を分担させる目的で組織したグループや隣組のような制度があるだけだった。

　──ベレテ・ゲラの山村でも、これと同じことができるだろうか。

　ムハマドはFFSに期待すると同時に、不安も感じていた。

フィールドスクールをやって良かった！

　「フィールドスクールを始めてみて変わったのは、農民だけじゃない。普及員も変わったんだ」

　普及局次長のカリウキが発言した。

　「この連中は、以前はやる気もなくて、しぶしぶ現場に行っていたの

が、FFSを始めてから毎週、張り切って村に行くようになった。最初はJICAのプロジェクトのせいで仕事が増えたと文句を言っていたくせにだ。

　おかげで営林署でも、普及員の勤怠管理がしやすくなった。FFSは活動日時が決まっているから、誰が、どこで何をやっているか、スケジュールを見ればすぐにわかってモニタリングがしやすい。もし、さぼって現場に行かないと、農民グループから報告があるからすぐにばれる。

　もっとも、グループとの信頼関係ができあがってくると、さぼるような連中はいなくなった。農民から頼りにされることで、普及員がこれだけ変わるというのは、私も自分の目で見るまで、信じられなかったな」

　「それから、FFSでは植林だけやっているわけじゃない。アグロフォレストリー（農作物と樹木を組み合わせた土地利用法）の一環で、トウモロコシや野菜の栽培もやる。「今日のトピック」の時間には、グループの要望を聞いて、いろいろな分野の講師を連れてくる。

　新しく栽培してみた穀物をどうやって食べたらいいかわからないというんで、女性メンバーを中心に料理教室もやったよ。そしたら、最初は女房連中が、毎週FFSにいそいそ出かけていくのが時間の無駄だといって反対していた亭主たちが、こんなにおいしいものを食べられるんだったら、もっとやってくれというようになった」

　カリウキの話に、フォンドがあとを継いで言った。

　「植林以外のことをやるなんて、最初は、俺たちは森林普及員なのに、なんで農業までやらされるんだと言って、猛反発していたんだ」

　当時のことを思い出した萩原がいった。

　「そうそう。おまえがFFSなんか提案するから余計な仕事が増えたと言って、普及員から突き上げをくらったんだ。『こんな安い日当しかもらってなくて、よくわからない農業まで教えなきゃならない。それが1回や2回ですむわけじゃなくて、毎週毎週、雨の日も村に通わなければならない。ものすごい負担だ』って感じで。あの時は、俺一人がバッシングされて辛かったな」

小川が、答えて言った。

「でも1年目のFFSが終わったあと、森林普及員を対象に農業の補完研修をやってみたら、あまりに熱心に講義を聞くし、質問もたくさんするので、講師の方が驚いていた。連中もFFSをやっているうちに、いろいろと疑問が出てきて、向学心に火がついたんじゃないかな。

それから2年後、FFSの成果についてワークショップをやったら、以前は一番文句を言っていた普及員の一人が、局長に向かって言ったんだ。

『農民には、植林だけやらせようとしてもだめで、農業的なものも含めてやらないと受け入れてくれない。だからわれわれは、農作物もやっているんです！』ってさ。

そのうち、森林普及員の農業の知識も上がってきて、アグロフォレストリーのことについては、農業局の普及員の方が、話を聞かせてくれとやって来るようになった。FFSをやった森林普及員は、一目置かれるようになって、郡の営林署での立場があがったんじゃないかな」

萩原が付け足して言った。

「そう。それからしばらくして、俺を吊し上げていた普及員が来て、『ハギワラ、俺は、FFSをやってよかった』って、逆に感謝されたんだよ」

ムハマド・セイドと小川慎司

エチオピアの視察団が帰国する前に、小川はムハマドと二人だけで話をする機会をつくった。萩原、西村とも協議をした結果、次は小川がカリウキたちケニア人を連れて、エチオピアのFFSの立ち上げを手伝いに行くことが決まっていた。日本人の主導で話を進めてしまったが、小川はオロミア森林公社のムハマドがFFSについて本当のところどう思ったのか、正直な感想を聞いておきたかった。

ムハマドによると、エチオピアでは、世界銀行の支援を得て、連邦農業省が全国の行政村に建設した農民研修センターが技術普及の拠点になっ

ているという。

「その研修センターというのはうまく機能しているのか?」

小川の質問に、ムハマドは率直に答えて言った。

「いや、あんなのは機能していない。

センターでは、1回に60人くらいの農民を選んで、半年間、週2、3回の講義を受けさせている。年2コースやって120人の農民に研修する計画だが、実際には、最後まで研修に来るのは1%くらいだ。

農民は理論中心の授業には慣れていないし、読み書きができる者も少ない。それに研修所が遠くて通えない農民も多い。

それに比べて、FFSは良いと思ったよ。実務上の課題はたくさんあると思うが、実践的な研修だし、村でやるので農民も集まりやすい。女性があんなふうに積極的に参加しているのにはびっくりした。

最初にFFSの話を聞いたときには、農民が毎週、研修に集まってくるなんて半信半疑だったが、実際に見て納得した。これならエチオピア人にもできるかもしれない。

しかし、エチオピアの女性が、ケニア人のように積極的にセッションをリードしたり、人前で物怖じなく話せるようになるのは想像しにくいな。ベレテ・ゲラには保守的なイスラム教徒が多いし、もともとケニア人のようにノリが良い国民性じゃないからどこまでできるか…」

それでも、ムハマドがFFSをやってみたいというので、小川は少し安心した。

「FFSはケニアだけじゃなくて、世界中のいろんな国の文化の中でもやっている。エチオピアのイスラム教徒よりも、ずっと戒律の厳しいアフガニスタンや隣国のスーダンでも成功していると聞いている。エチオピアに合ったFFSのやり方を一緒に考えていこう」

小川は、ムハマドともなんとかもうまくやっていけそうな気がしていた。意思表示がはっきりしているケニア人と比べ、エチオピア人はどこかアジア的

なウェットな気質もあり、本音を聞き出すのはなかなか難しそうだった。ケニアでは、エリート部族出身で政治力もあるカリウキがFFSの推進に全力を注いでくれたが、トップダウン傾向の強いエチオピアで、地方官僚のムハマドがどこまで協力してくれるかは未知数だった。それでも、話をしているうちに、技術者らしい率直な意見を言うところなどは、自分と馬が合いそうだとも思った。

7. ファーマーフィールドスクールをはじめる
ベレテ・ゲラに合ったFFSモデルを考える

ケニア視察旅行から3カ月後の2007年7月、エチオピアでもファーマーフィールドスクールを始めるために、今度は、小川、ケニア森林サービスのカリウキを含む4人のケニア人専門家が、ベレテ・ゲラにやってきた。ケニア人の派遣には、萩原の依頼で、FAOのケニア事務所が手続きをサポートしてくれた。

今回の小川の仕事は、FFSファシリテーター養成のための研修プログラムの計画と運営、そして研修後すぐにFFSが始められるように、エチオピアの状況に合わせたマニュアルや、ホストファームで奨励する技術パッケージを開発することだった。一方、カリウキら、ケニア人専門家は、研修講師を務めることになっていた。

3年前、ケニアのファームフォレストリー（農地内で樹木を育てる農業。農地林業ともいう）に初めてFFSを導入することが決まった時に、小川は農作物向けに開発された普及手法を改良して、森林FFSのモデルを開発していた。

従来の農業普及のためのFFSは、農作物の1耕作サイクルである3カ月から半年程度の開校期間が標準的だったのに対し、ファームフォレストリーでは、大雨季に入る前から、翌年の大雨季の終わりまでの1年半に延長した。本来、林業の1収穫期といえば、成長の早い熱帯地域でも5年以

上は必要だが、FFSを5年も続けるのは現実的ではない。そのため、対象地で奨励する樹種の生育速度などを考慮し、植林の翌年の大雨季が終わるまで観察を続けていれば、生長量、植栽効果、有効性など、参加者が自分の土地でも植林するに値するかどうか、一定の判断ができるようになるだろうと考えたのだ。

また、木の生長はゆっくりとしているため、農作物のように毎週観察しても、あまり大きな差が出てこない。樹木の生育状況の観察だけなら、FFSのセッションは月1回程度で十分だが、それでは間が空いてしまって参加者の学習意欲を維持できない。そこで、樹木と単年性作物を混作するホストファームのデザインを考えた。これによって毎週セッションを行う必要ができ、グループの自覚と強化が図れる。さらに、年間を通じた活動を維持するために、農閑期になる乾季には苗畑活動も取り入れた。

こうして、植林普及向けに改良されたFFSだが、今度はエチオピアの天然林保全プロジェクトに応用するのである。同じ森林分野のプロジェクトとはいえ、ケニアでは樹木の少ない半乾燥地に植林を奨励することが目的だったのに対し、エチオピアでは、現存する天然林を守ることが目的だ。植林を奨励するのではなく、森林の農地転用がこれ以上進まないよう、今ある農地の生産性を上げる必要がある。

そのため、ベレテ・ゲラのFFSでは、小さな畑を活用した野菜や果樹などの換金性の高い園芸作物の集約栽培が一番に奨励されることになった。そのほかにも、テフやトウモロコシなど主食用作物の栽培技術の改善による生産性向上、補助植林用の苗木生産なども普及していくことになった。

小川は、プロジェクトの戦略を念頭に置いたうえで、エチオピアの森林官や農業普及員と相談しながら農民の関心が高そうな作物を選んでいった。そして、FFSで奨励する品種や栽培方法を組み合わせてパッケージにし技術カタログに取りまとめた。このカタログは園芸作物を中心に、穀物

類、飼料木、薪炭材、果樹、苗畑などの活動を複数組み合わせた「セットメニュー」のようなものだ。FFSを定着させるためには、まずは農民にとって魅力的なメニューをつくり、その中からやってみたいと思う活動をメンバー全員の多数決で選んでもらう。この方法ならプロジェクトが奨励したい活動と、農民の関心が高いものが混ざったかたちで、かつプロジェクトの活動領域が広がりすぎるのを防ぐという利点があった。

また、開校期間は1年間とした。ベレテ・ゲラでは農作物の比較栽培が中心になることから、期間を短縮することもできた。しかし、農民の自主性やグループ活動能力を強化し、ワブブを自立した住民組織に育てるといったエンパワメント効果を期待するなら、ある程度の時間が必要だ。半年間の開校期間では短すぎると判断したのだった。

ファシリテーターを育てる

ベレテ・ゲラで最初のフィールドスクールを始めるにあたって、グループ学習を支援するファシリテーターを養成するために、2週間の研修が計画された。研修では、FFSの概念も教えるが、むしろ、総合的な対人スキル、コミュニケーション能力を体験的に学んでもらうことに重点が置かれる。ファシリテーターの役割は、従来の普及活動のように知識や情報を一方的に伝達するのではなく、農民が持っている潜在能力や知見を引き出し、学びのプロセスを支援することだからだ。

そのため研修はワークショップ形式で、グループワークとプレゼンテーション、研修員のディスカッションに多くの時間が割かれた。研修の進行は、実際のFFSセッションと同じように、「トークボール」、「アイスブレーク」、「ロール・プレイ（寸劇）」、といった参加型のツールが多用された。

このような研修の講師を務めるには、少なくとも数年間はみずからFFSを運営した経験があり、高いコミュニケーションスキルを持ったマスタートレーナーが必要だった。そのため、カリウキらケニア人のFFS専門家にベレテ・

ゲラに来てもらっていた。

　また、ケニア森林サービスの普及局の政策レベルで、FFSの推進を唱えているカリウキに来てもらうことで、オロミア森林公社や農業事務所の普及政策担当官とも意見交換をしてもらい、行政の上層部にもFFSについて理解を深めてもらうという目的もあった。

　こうして実施された最初のファシリテーター研修には、村落開発普及員63人のほかに、森林行政官、プロジェクト・コーディネーター、日本人専門家も含めた関係者のほとんどが参加した。そのため、受講者が80人近くに膨れあがり、3グループに分けての研修となった。

　しかし、これまで参加型普及の経験がほとんどなく、「講義」や「訪問指導」といった普及スタイルにしか慣れていなかった村落開発普及員が、2週間の研修だけでFFS運営に必要な技能を習得できるわけではない。研修後は、日々の実践を通じた経験の蓄積によって、徐々にスキルを身につけてもらう必要があった。それを支援するため、以後、小川もベレテ・ゲラ・チームの一員に加わり、節目ごとにエチオピアに来てFFSの指導をすることになった。

FFSセッション始まる

　ベレテ・ゲラでのFFSの導入は、プロジェクトの主活動であるワブブの設立サイクルに連動して進められた。ワブブ組織化を始めた集落で、組合に加入することを条件に参加を希望する農家を募り、抽選で男女16人ずつ、32人からなる53のFFSグループがつくられた。

　1年間の準備期間を経た2007年10月、この53グループを対象に、最初のFFSが始まった。ファシリテーター役には、村落開発普及員51人に加え、プロジェクトの郡コーディネーターのキダネ・ビズネとアッバス・ジュマールを含めた53人が務めることになった。普及員だけでなく、この年、コーディネーターもFFSを運営することになったのは、1年間の実践経験を積むこと

で、翌シーズンから一般普及員のFFSを巡回指導できる補強支援要員を育てるという目的があった。

コーディネーターのうちの一人、シャベソンボ郡チャフェ集落のFFSを担当することになったキダネは、最初は、日本人専門家と英語のコミュニケーションもままならない内気な青年だったが、のちに一番の成長株になった。ジンマのコーヒー農家で育ったキダネは、農業専門学校を卒業後、マナ郡の村落開発普及員として農村に住み込み、毎日、農民と話し合いながら働いた経験があった。その頃から農民とのコミュニケーションを大事にしていたキダネは、まず、農民の話に耳を傾け、一緒に考えながら、現状でできることをやっていくというFFSのやり方をすぐに気に入った。

FFSのセッションでは、「参加型のツール」をたくさん使うので、農民だけでなく、キダネ自身も楽しみながら進行役を務めることができた。ホストファームで比較試験をする作物や技術を選ぶ時には、「テン・ストーン」といってメンバーが各自10個の石を持ち、輪になって歌を歌いながら、自分がやりたい活動に投票する。1サイクル3カ月程度の活動を3〜5種類選び、1年間、ホストファームで比較栽培実験をするのだ。投票の時には、キダネもメンバーと一緒に歌い、踊った。

また、FFSでは、ディスカッションをする時に、特定のメンバーばかりが発言して議論が偏った方向に進まないよう、新聞紙などを丸めて作った「トークボール」というツールを使う。ボールを投げ、受け取った人が優先的に発言できるというルールだ。

ベレテ・ゲラはイスラム教徒が大半を占める保守的な地域だったが、グループ選定の時は敢えて男女混合にした。男性が同席する場でも、女性の発言力を強めていくためには、むしろ混合グループの方が都合が良いと考えられたからだ。

キダネは女性にも等しくトークボールを投げて渡し、皆の前でも自分の考えを話せるようになるまで、辛抱強く待った。女性は元来、おしゃべりだ。

最初は戸惑っていた女性の参加者も、セッションを続けていくうちにしだいに慣れ、活発に発言し、議論をリードすることもあった。

「テン・ストーン」や「トーク・ボール」といったツールを多用してメンバーの積極的な参加を促す　写真：筆者

　FFSのセッション運営で難しかったことの一つは、農民の識字率の低さだった。ベレテ・ゲラの農民で読み書きができるのは、30人中3～5人くらいしかおらず、特に女性の識字者は少なかった。そのため、小グループに分ける際には、識字者が1人は入るように配慮し、ほかのメンバーを助けてもらうようにした。

　しかし、ホストファームで観察したことを模造紙にまとめる段階になると、読み書きのできない農民はどうしても他人任せになりがちだ。キダネは、観察したことや気づいたことについて、読み書きができないメンバーも含め、必ず皆に発言してもらってから、紙に書くようにアドバイスを続けた。発表するデータ表を簡素化して、絵を多用する、実際に農地で採ってきた葉や害虫の実物を貼りつけるといった工夫もした。

　多少の手間はかかったが、このような試行錯誤の結果、識字力の問題は、FFS運営上、克服できる問題であることがわかった。

フィールド・デイ

　1年間のフィールドスクール開校期間中には、「交換訪問」や「フィール

ド・デイ」といった経験共有や成果発表のためのイベントが催される。

　交換訪問は、普段別々に活動しているグループが、お互いの村を訪問し、ホストファームなどを見学しあう。参加者は活動が進んでいるグループの経験に学んだり、共通の問題点などについて話し合う機会を得る。

　フィールド・デイは一般開校日のことで、普段はFFSに直接関わっていない農業事務所の専門家や、地元のNGO関係者、近隣農家など、広く見学者を招き、日頃の学習成果を披露する。FFSメンバーは、比較栽培試験の方法、生長や収穫の違い、収益性などについて体験学習で学んだことを発表する。人前で発表することに慣れていなかった農民も、毎週のセッションで訓練することにより、シーズン半ばのフィールド・デイを開催する頃までには、プレゼンテーションもうまくなり、参観者を驚かせることがある。机上の理論ではなく、みずからの観察で得た知識は、その人自身のものになるから、自信を持って人に伝えられるようになるのだ。

　このようなイベントは、普及員にとっても絶好の学びの機会だ。ファシリテーターの役割は、学習者の気づきを手助けするものだと理屈ではわかっていても、そのために必要なスキルは一朝一夕に身につくものではない。このような技能は、その人の知識量や実績とはあまり関係なく、むしろ、一般に優秀だと思われている普及員ほど、進行役に徹することができず、農民の声を聞く前に、先回りして「正解」をしゃべってしまったり、無意識に議論を誘導してしまったりして失敗する。逆に、あまり自信がない普及員が、農民の話をよく聞いて、案外良いファシリテーターになることもあるのだ。

　交換訪問で、同僚の普及員が運営するFFSを観ることで、「はっ」と気づかされることもある。いつも一方通行の「講義」をしてしまったり、農民に命令口調でしゃべってしまう普及員も、同僚が同じようなやり方をしていると、他人の欠点は良くわかるものらしい。人のふり見て、わがふりなおせということである。

「卒業証書」はあんたたちの畑だ！

　ファーマーフィールドスクールを始めて1年後の2008年11月、最初の卒業セレモニーが各郡の農業事務所で執り行われた。卒業式には、フィールド・デイ以上に、広くゲストが招かれ、卒業発表会やポスターセッションが行われた。

　始める前は、果たして農民が1年間通ってこられるかという懸念もあったが、この日、入学生の8割にあたる1,328人が、卒業に必要な出席日数を満たし、卒業証書を授与された。これまで正式な教育を受けたことがなかった農民にとっては、初めて受け取る一枚の証書は大きな自信と誇りにつながる。

　しかし、1年間、FFSを指導してきた小川は、卒業生に向けて言った。

　「本当の卒業証書は、あんたたちの畑だ。

　フィールドスクールで学んだことをこれからも続けて、仲間の手本になる立派な畑を作ってほしい！」

　この日の卒業生の中から、初年度は71人の農民ファシリテーター候補者が選ばれ、1週間の補完研修に参加した。次のシーズンからは、彼らが2人一組のペアとなり、普及員やプロジェクト・コーディネーターのサポートを受けながら、新しいFFSグループを運営していくことになる。

　2シーズン目には、ワブブを設立する村が増えたため、グループの数も、1年目の53から134に一気に増加した。このうち、普及員が102グループ、農民が32グループの運営を支援することになった。

　コーディネーターのキダネとアッバスは、1年目でFFSの直接運営は卒業し、新しく始まるFFSの品質管理のため、村落開発普及員や農民ファシリテーターの巡回指導をする補強支援の役目に回ることになった。

　しかしこの後、ワブブを設立する対象集落が急激に増えたことにより、境界確定作業が思うように進まず、森林行動計画づくりも一時暗礁に乗り上げてしまうなど、トラブルが続いた。また、もう一つの生計向上コンポーネントであるコーヒープログラムも大きな障害に直面すると、これらの問題の解

決のためにスタッフの時間の大半が奪われるようになってしまった。その結果FFSの巡回指導が思うようにできなくなり、セッションの質の低下が問題として表面化してくることになる。

8. ファーマーフィールドスクールで何が変わった？
農民が変わった

ファーマーフィールドスクールの最初のシーズンが終わったあと、吉倉が中心となり、参加農民の聞き取り調査を行い、FFSで何が変わったのか、その効果を分析した。

「営農方法の変化」に関する聞き取り調査では、FFSで学んだ技術や耕作方法が、卒業後にどれくらい実践されているのかを調べた。その結果、「雑草の除去」、「家庭菜園」、「苗床の使用」などの実践率が8割を超えたほか、「農地の定期的な見回りと観察」、「適正間隔での条蒔き」、「営農計画作り」、「有機肥料の活用」などの実践率も7割に達していた。貧困農家にとっては、新たな資材の購入などの必要がほとんどなく、これまでのやり方を少しだけ改善したり、ちょっとした手間で生産性を上げられるような、リスクの低い技術が好まれることがわかった。

女性の間で家庭菜園が広まった　　　　　　　写真：西村勉

男女別にみると、特に女性の間で「家庭菜園」が普及した。この地

域では森林内の比較的広い農地は主に男性が管理していて、テフやトウモロコシなどの主要穀物を栽培している。森林内では獰猛な野生動物に遭遇する可能性もあり危険をともなう。しかし、家の周辺の小さな畑などは、女性が比較的自由に使うことができる土地だ。フィールドスクールによってこうした屋敷畑で作る野菜の収穫量が増えると、それを近隣で販売することで、女性の収入向上にもつながったようである。

　また、参加者の「意識や態度の変化」に関する聞き取り調査では、「フィールドスクールが集落全体の普及活動の拠点になった」、「定期的に普及員が来てくれるようになり、村との関係が良くなった」、といった変化が挙げられた。男性参加者からは、「営農方法」に関する変化が多く指摘された一方で、女性からは、「女性の積極的な参加」や「信頼の醸成」といった、エンパワメントに関連するコメントが多く聞かれる傾向があった。

　FFS卒業後、村の女性代表に選ばれた農民は言う。

　「以前は、村の会議に参加しても、恥ずかしくて何も言えなかったけど、今は自信を持って発言できるようになったわ。

　フィールドスクールで、人前で発表したり、グループダイナミクスで小噺を披露したりすることで、少しずつ自信がついてきたんだと思う」

　農民ファシリテーターに選ばれた女性たちからは、

　「女性がFFSを運営することで、女性が参加しやすい環境ができた」

　「FFSでは男女が同じ権利と役割を持ち、一緒に学ぶことができる」

　「もしFFSがなくなったら、村で女性が学ぶ機会がなくなってしまう」

　などといった意見も寄せられた。

　ベレテ・ゲラ地域の女性の多くは小学校にも通えず、これまでも学ぶ機会が限られていた。彼女たちにとっては、フィールドスクールは単に技術を「学ぶ」だけでなく、それによって自信や喜びを得られる貴重な機会になっていた。

　FFSの巡回指導をしていた専門家やコーディネーターの観察でも、はじ

めはどのグループも男性主導でセッションが進められ、全体的に緊張感に包まれていたが、ファシリテーターが根気よく女性の参加を促していったグループでは、4〜6カ月目くらいから女性の態度にも変化が見られるようになり、ホストファームの観察や発表にも積極的に参加したり、グループ全体に活気が出てきたという。

ところで森林減少や劣化という現象は、さまざまな要因が複雑に絡みあって進行する。そのためプロジェクト活動がそのプロセスにどのような影響を与えたかを解き明かすことは容易ではない。

そこでJICA事務所の安藤直樹の発案で、東京大学教授（当時）の戸堂康之が率いる研究者グループに調査が依頼された。「FFSによって森林への圧力が下げられる」というプロジェクトの仮説を検証しようというのである。ジンマのプロジェクト事務所には、ワブブ台帳に記載された農家の情報や、吉倉らが行ったインパクト調査の結果など、膨大なデータが眠っていた。戸堂らはこのデータを活用し、計量経済学の手法を用いてFFSが農業収入に与えた影響について分析した。

この研究によると、1年目のFFSに参加した農家の間で年間の実質農業収入が60〜160ドル増加したという結果が出た。これはFFSに参加する前のこの地域の農家の平均的な収入と同程度であることから、収入は倍増したことになる。

さらにリモートセンシングの技術を用い、衛星画像のデータを解析した結果、ワブブを設立した年には駆け込み伐採と思われる森林減少が見られたものの、2年目には1.5%の森林面積の増加が観測されたという。一方でワブブを設立していない地域の森林面積は3.3%減少していた。これらの分析結果から、ワブブ設立にともなう境界確定や森林管理契約による縛り、ファーマーフィールドスクールによる集約的農業の普及によって、森林減少に一定の歯止めがかけられたと推測された。

普及員も変わった

　普及フェーズが始まる前、プロジェクト活動に村落開発普及員を活用することについては、ほとんどの日本人専門家や、JICA事務所の担当者も懐疑的だった。ところが、いざ始めてみると、普及員に対する皆の評価はしだいに変わっていった。各カバレに常住している普及員は、何よりも村の現状を良く知っているし、現場でのワークショップなどの準備や運営にも長けていた。彼らにしても、以前は、「村に住んでいるただの若者」程度にしか認識されていなかったのが、フィールドスクールを始めてからは農民に「先生」と呼ばれるようになったのだ。俄然、やる気と自信がわいてくるのも当然といえば当然だった。

　「初めてFFSをやってみたが、とても良い手法だと思った。

　FFSでは新しい品種や耕作方法をいくつか試してみたあと、農民が好きなやり方を自由に選んでいいので、良く身につくみたいだ。周りの農家にも習ったことを自慢しているらしく、近所の農家にも真似する人がでてきた」

　「最初は恥ずかしがっている女性が多かったが、何週間かたつうちにだんだん慣れて、みんなの前で発表ができるようになった」

　「毎週、村に行って農家の支援ができることが嬉しいし、参加者にも感謝される」

　そんな普及員の声を聞くことができた。

　さて、FFSの最初のシーズンでは、普及員が住んでいる集落での活動が多かったが、翌年から周辺の村へと活動エリアを拡大していった。隣村とはいっても、歩いて数時間かかる村もある。雨季には、足場が悪く、慣れた普及員でも「通勤」には苦労した。それでも、毎週、村に行けば、約束の時間にメンバーが集まって、自分を待っている。普及員の心の中にも、担当するグループに対する責任感が生まれてきた。毎シーズン、一斉に多数のFFSが開校するのだから、仲間の普及員との間で競争心もわいてきて、良い意味での刺激になっていた。

第4章

プロジェクトの命運を握る
コーヒーの原生林

写真:萩原雄行

9. 認証コーヒーで森を守る

　ファーマーフィールドスクールによって、小さな農地を活用した労働集約的な園芸作物栽培が盛んになれば、農地を広げる必要性が減り、結果として森林への圧力が軽減される。これが森を守るためにプロジェクトが導入した生計向上活動のシナリオの一つだ。しかし、これだけでは森を守ることのメリットを、住民に直接肌で感じてもらうことは難しい。

　――この考えをもう一歩進めて、森林資源の重要性を経済価値の面から実感してもらうことで、人々が積極的に森を守りたくなるように導く方法はないだろうか。

　そうした観点から導入されたのが、もう一つの生計向上コンポーネントである「フォレストコーヒー認証プログラム」だ。

　国際認証の取得による付加価値の創出や、民間企業とのパートナーシップによりバリューチェーン（原料の調達から製品・サービスを消費者に届けるまでの価値を生み出す連鎖的活動）全体を支援するというアイデアは、従来の開発援助プロジェクトには見られない斬新なアプローチだった。それが「コーヒーがあるから森が守られる」といったキャッチコピーによって大々的に広報されるようになると、コーヒープログラムはしだいに注目を浴び、ベレテ・ゲラの代名詞のようになっていった。

　しかし、これから紹介していくように、フォレストコーヒーの存在が、本当に森林荒廃の抑制に貢献するかどうかは、多くの要因がからんでくる複雑なメカニズムを解明する必要があり、単純に「コーヒーがあるから森が守られる」と言い切ることはできなかった。

　また、国際認証の取得から、コーヒーの生産加工とマーケティング支援、輸出プレミアム価格の生産者への還元という一つのサイクルを完結させるためには多大な労力が要求され、現場は理想どおりにいかない現実との戦いを常に強いられた。

　それによって増大した業務負担が、時には、プロジェクトのほかの活動

を圧迫することもあった。多くの障害に直面する一方で、プログラムが暗礁に乗り上げそうになると、思わぬ支援者・協力者との出会いにも恵まれるというドラマの多いプログラムでもあった。

バッダ・ブナとオロモの暮らし

　エチオピア南西部の森林地帯は、アラビカ種のハイランド・コーヒーの原産地とされ、1,300～2,000メートルの高度帯には、遺伝子的にも原生種に最も近いコーヒーが自生あるいは半自生の状態で生育している。

　この地域に住むオロモの人々は、昔からこの森を「バッダ・ブナ」と呼んで親しんできた。オロモ語で「バッダ」は「森」、「ブナ」は「コーヒー」を意味する。バッダ・ブナには、代々、住民が相互に認め合い受け継いできた事実上の所有権が確立されていた。

　この地域の天然林は、コーヒーがあることで大規模な伐採を免れてきたといわれている。コーヒーは日光を好む植物だが、アラビカ種の天然コーヒーが健全に生育するためには、適度な日陰も必要とする。農民はそのことを経験的に理解していて、庇蔭樹となる樹木を森の中に残してきたのだ。

　コーヒー林の管理方法は、集約化や人為的介入の度合いから、人の手が入らない完全に自然な状態で生育する「フォレストコーヒー」、森林内に自生するが人間によって必要最小限の管理をされている「セミフォレストコーヒー」、改良品種を高密度で栽培する「ガーデンコーヒー」（規模によってはプランテーションとも呼ばれる）に分けられる。エチオピアでも完全な天然コーヒーというのはほとんどなく、実際にはセミフォレストの状態で生育されているものが大半である。そのため、本書では、これを便宜的に「フォレストコーヒー」と称することにする。

　エチオピアのコーヒー生産量の約1割を占めるフォレストコーヒーの管理は粗放的で、特別な投資もいらないし、化学肥料も使わないので、環境への負荷が少ない。農民はコーヒーの生長を促し、結実量を増やすため

に、年に1回程度、コーヒーの幼木と競合する灌木や下草を刈り込んだり、森に適度な光を入れるために周辺の樹木の抜き切りや枝払いをしたりする。このような人為的な介入により、森林下層部の植生が減少したり、樹種の多様性や森林密度が低下するといった「森林の劣化」は避けられないが、森林自体は伐採されることなく維持されてきた。

　また、コーヒー林を保有している農家は、現金収入の4〜8割を、コーヒーを中心とする非木材林産物の販売から得ていて、農業への依存度が比較的低い。手間をかけずに一定の現金収入が見込めるフォレストコーヒーに対し、森林内での農業は野生動物による被害を受けることも多く、新たに森林を開墾して農業活動を拡大するのは労力がかかり割に合わないと考えられていた。つまり、バッダ・ブナの人々は、最小限の管理でコーヒーの森を残しながら、ある程度の野生動物の被害も受け入れつつ、限られた土地で集約的な農業を営むという生存戦略をとってきたのだ。

　これを裏付けるかのように、同じベレテ・ゲラ森林内でもコーヒーの生育限界を超える標高2,000メートル以上の地区では、生計を農業収入に頼らざるを得ないため、ほとんどの天然林が伐採され、テフやトウモロコシなどの穀物畑に転用されてしまっている。

　スウェーデンとエチオピアの共同研究によると、1973年から2010年までの37年間にわたってエチオピア南西部の衛星画像を収集・解析した結果、フォレストコーヒーが生育するエリアでは、そうでない森に比べ、森林減少の割合が3割も低かったことが確認されている。

　ベレテ・ゲラのフォレストコーヒーは、毎年3月下旬から4月上旬にかけての小雨季の間に、ジャスミンのような白く可憐な花を咲かせ、その後、約9カ月かけて実が熟していく。コーヒーの実は、赤く熟すとさくらんぼによく似ているため、コーヒーチェリーと呼ばれる。いわゆる「コーヒー豆」とは、その中の種の部分を指す。

春先に開花するコーヒーの白い花
写真：高橋康夫

熟すとさくらんぼのように赤くなるコーヒーの実
写真提供：JICAエチオピア事務所

　比較的良好な天然林が残るゲラ森林では、一世帯当たり平均2.5ヘクタールのコーヒー林を保有していて、乾燥重量にして400〜500キロのチェリーが収穫できる。地元市場の標準的な卸値は、1キロ7ブルなので、2,800〜3,500ブルの売上（1万4,000〜1万8,000円相当）が得られる。

　コーヒー以外の主要な林産物には、蜂蜜やコラリマという香辛料がある。伝統的な手法によって採取される蜂蜜の生産量は、世帯当たり100キロほどで、1キロあたり5〜8ブルで売れるため、500〜800ブル（2,500〜4,000円相当）の収入になる。また、ショウガ科の植物であるコラリマ（*Aframomum corrorima*）は、エチオピア料理に良く使われる香辛料で、乾燥重量で約1キロ（約140個）ほど収穫でき、約1,200ブルで売れる。つまり、この地域の農家は、年間4,500〜5,500ブル（2万3,000〜2万8,000円）を、この三つの林産物から得ていることになる。

　フォレストコーヒー、蜂蜜、コラリマはどれも同じ森から採取され、コーヒーの生育とコラリマの存在は生態的につながっているとも言われている。また、アフリカミツバチが生育する森では、コーヒーの結実量が多いという研究報告もある。

第4章 プロジェクトの命運を握るコーヒーの原生林

レインフォレスト・アライアンス

　コーヒープログラムの発案者である国連食糧農業機関（FAO）の萩原雄行は、数ある国際認証制度の中から、レインフォレスト・アライアンス（RA）の認証制度に目をつけた。その理由の一つは、この地域の伝統的なコーヒー林の管理方法や農家の労働環境が、RAの認証審査基準にほぼ合致していて、これまでの生産方法を大幅に変えることなく審査に合格できるのではないかと考えたからだ。

　RAの認証基準は、国際環境NGOの連合体である「持続的農業ネットワーク」（SAN）が定める農業の環境・社会配慮に関する「SAN基準」に準拠している。例えばフェアトレード認証が、生産者からの最低買い取り価格の保証など、商品の取引方法を重視しているのに対し、SANは農園の経営管理方法に着目し、「環境」、「社会」、「経済」という三つの側面にバランスよく配慮した10の原則を定めている。これには、生態系、野生動植物、土壌水資源の保護、農薬や廃棄物の管理、労働者の福祉向上などが含まれる。

　レインフォレスト・アライアンスは、熱帯雨林生態系の持続的な管理と、その地域で働く人々の生活改善の両立を目的とし、SANの10原則を満たす農園や生産者団体に対して国際認証を付与している。

　最初は、コーヒービジネスに介入することには慎重だったプロジェクトチームも、いったんプログラムの導入に合意すると、早速レインフォレスト・アライアンスの本部にコンタクトしてみることになった。実のところ萩原をはじめ、プロジェクト関係者の誰も、このような国際認証手続きを行った実務経験はなく、果たしてエチオピアにRA認証申請の窓口があるのか、審査にはどれくらいの費用がかかるのか、どんな手順を踏めばいいのか、わからないことばかりだった。

　ニューヨークのRA本部に問い合わせてわかったことは、ガーデンコーヒーという違いはあるが、エチオピアにもすでにRA認証を受けたコーヒー農園が同じオロミア州のマナ郡にあるということ、認証審査の費用は5,000

ドル程度であること。そして、タイミング良く、その翌月にアジスアベバでコーヒー認証制度についての説明会があり、RA本部の関係者がエチオピアに出張する予定だということだった。また説明会に先立って、エチオピアで最初のコンサルタントが雇用されたばかりで、アジスアベバに住んでいるという情報も得ることができた。

——これは案外、スムーズに行けるかもしれない。

プログラムの見通しは明るそうだった。

ハラールのアセファ・ティグネ

エチオピアで最初のRA認証官になるアセファ・ティグネは、東部高地のハラールで生まれ育った。ハラールは、オロミア州の中に島のように浮かぶ、エチオピアで最も小さいハラリ州（面積にしてオロミア州の10分の1以下）の州都で、最上級のハイランド産ガーデンコーヒーの産地としても有名である。

1946年生まれのアセファが子どもの頃には、緑に囲まれ、川や湖に豊かな水を湛える美しい町だった。現在は、衛星写真でハラールを見ても、およそ高原の土地という土地は農地として耕され、周辺の小高い山並みも、山頂まで段々畑に開墾されている。

地元の名門のハロマヤ大学の農学部を卒業したあと、アセファは1991年にEU（ヨーロッパ連合）の奨学金を受けてイギリスに留学し、作物生理学を学んだ。帰国後、EUの支援によるコーヒープロジェクトに採用され、1993年から2004年までの12年間コーディネーターを務めた。

EUのプロジェクトには、輸出用コーヒーの生産振興と、天然コーヒー林の保全という二つの事業コンポーネントがあり、コーヒー生産振興の方は、エチオピアの生産地のほぼ全域をカバーする大規模なものだった。最初は、オロミア州の七つの郡で、苗木の供給と栽培技術の改善普及といった活動が始められ、最終的にはオロミア州と南部諸民族州を合わせて90

郡に事業を拡大した。結果は大成功で、1990年代には約8万トンだったコーヒー輸出量が、2000年代に入って約20万トンに増加した（2013年は約38万トン）。

一方で、天然コーヒー林の保全事業の成果は芳しくなかった。その頃、エチオピアで重視されていた先行研究では、人間の生産活動がコーヒー林に及ぼす負の影響ばかりを強調するものが多く、これを基に立てられる保全計画は、「未開発」のコーヒーの原生林を保護区として指定し、フォレストガードを配置して人が勝手に立ち入らないように監視するというものだった。コーヒー林を保護するために、住民の強制移住が計画されることもしばしばあった。

プロジェクトが始まると、これまで利用者はいないと考えられていた人里離れた奥地の森にも、何世代も前からコーヒーを収穫してきた権利者がいることが判明した。彼らは収穫期が近づくと森に戻ってきて、フォレストガードやプロジェクト関係者との間でトラブルが発生するようになった。結局、住民の権利やニーズを無視して進めようとしたコーヒー保全事業は、人々の反対に合って中断を余儀なくされた。

この時の経験から、アセファは地域住民を排除した資源保全事業は、決して成功しないという教訓を学んだ。それと同時に、仕事柄、高級ガーデンコーヒーの産地として注目されるようになった故郷のハラールが、プランテーションの乱開発などにより、美しい自然を失っていくのを目の当たりにして、個人的にも思うところがあったのだろう。

アセファは、しだいに自然保全に強く関心を持つようになった。そして、経済的な利益だけを追求するのではなく、資源を守りながら、小規模生産者の生活改善も図れるような、環境保全・社会貢献型のビジネスモデルを模索するようになっていった。

アセファは、長年コーヒービジネスに関わっていたことから、国内外の関連会合に参加する機会が多く、そこでレインフォレスト・アライアンスという

団体を知るようになった。その活動理念に共感を持っていたところ、2007年の初めにRAがエチオピアでコンサルタントを募集することを知った。ベレテ・ゲラのプロジェクトチームから連絡があったのは、アセファがこのポストに応募し、採用されたばかりの時だった。

　森林住民の生計向上を図りながら、ワブブという森林管理組合をつくり、住民の権利と天然林の両方を守っていこうとするベレテ・ゲラ・プロジェクトの基本理念は、アセファが長年探していたビジネスモデルとも一致し、大いに共感を持った。以後、アセファは良き協力者、指南役として、コーヒープログラムの側面支援を続けることになる。

グループ認証方式を採用

　2007年2月、アセファと西村勉、萩原は、アジスアベバで開催された最初のRA認証制度の説明会に参加した。そこでRAの認証基準、必要な申請書類、審査から合格までの一連の手続きと費用などの詳しい情報を得ることができた。

　ベレテ・ゲラのフォレストコーヒーは、すべて零細農家によって生産されているため、個別農家や集落単位で認証を取得することは、費用的にも、手続き的にも難しい。そのため、生産農家が集落ごとにグループをつくり、森林公社が全生産者を代表して認証を取得するという、グループ認証方式を採用することにした。

　グループ認証制度では、生産者の全戸審査をしない代りに、「内部監査システム」を立ち上げ、メンバー全員がRAの基準を満たしているかどうか、内部でチェックする体制を適正に運営していることが求められる。レインフォレスト・アライアンスの認証審査官は、この内部監査システムとサンプル農家の調査によって認証付与の可否を決定するのだ。

　プロジェクトチームは、集落ごとにコーヒープログラム実行委員会と内部監査チームを組織させ、森林公社による認証申請手続きを支援することに

した。各集落の実行委員が、RA基準に沿って内部監査ができるように、作業マニュアルも作った。

ベレテ・ゲラ地域のコーヒーの収穫は11月末頃から始まる。次の収穫を認証コーヒーとして輸出するためには、その前に審査に合格している必要があった。準備期間は短く、人手も経験も足りない。以後、数カ月間、アセファもプロジェクトチームの一員のようになって準備を手伝った。

コーヒープログラムの参加条件

プロジェクトの方針では、ベレテ・ゲラのコーヒー生産農家が認証プログラムに参加するためには、ワブブの組織化に同意していることを条件の一つにしていた。プロジェクトの目的を理解してもらうためにも、森林境界の確定と森林管理契約に同意するまでは支援をしないことにしたのだ。

初年度は、新しい集落のワブブ組織化が始まったばかりだったため、前フェーズでワブブを設立していた2集落に、同じカバレ内の2集落を加えた4集落の中から参加者を募集した。しかし、これまでコーヒーを輸出した経験がない農家は、国際認証システムの仕組みをよく理解できず、長年の森林公社に対する不信感も手伝って、しばらくは静観という姿勢をとる農家が多かった。それでも初年度は550世帯が集まった。

参加農家が決まると、早速、認証審査に向けての準備が進められた。コーヒープログラム実行委員の選出に続き、メンバーの基本情報が記録された。ここで各農家は保有するコーヒー林の面積、予想収穫量、化学肥料使用の有無といった生産方法などを申告する。予想収穫量を申告するのは、コーヒーを高く売るために、ほかで収穫したガーデンコーヒーなどを混ぜるといった不正行為を防ぐためである。

農家が申告した情報は、内部監査チーム立ち合いによる現地踏査によって確認され、所定のチェックリストに記入したうえで認証申請書に添付された。ベレテ・ゲラの農家にとっては、すべてが慣れない作業で、読み

書きができないメンバーは、若手の実行委員に手伝ってもらいながら書類を整えていった。

一連の手続きと並行し、プログラムに参加する農家の疑問や不安を解消するため、先にRA認証を取得していたマナ郡のコーヒー生産農家をジンマに招いて意見交換会が開かれた。

「プレミアム価格はいくらもらえるのか?」

「認証審査の時には、何を聞かれるのか?」

「何か特別なコーヒーの管理をしなければならないのか?」

ベレテ・ゲラの農家からは、さまざまな質問が矢継ぎ早に寄せられた。認証を受けて収入が上がるのはうれしいが、一体どんな規則があり、何を準備すればいいか、見当もつかないというのが、農民の最初の反応だった。

スムーズに進んだ認証取得

こうして準備された申請書一式は、プロジェクトチームが取りまとめ、2007年9月にレインフォレスト・アライアンスの本部に送られた。書類審査を経て、翌10月、認証審査官が実際にエチオピアを訪問し、現地審査が行われることになった。アジスアベバからはアセファも審査に同行した。

コーヒー林の現地調査では、RAの認証審査官が毎日5人ほどの農家にヒアリングを行った。コーヒー生産や管理方法のほか、山村の生活上の問題点などについても質問された。申請書に添付していた各農家の基礎情報を確認するため、メンバーが保有するコーヒー林の踏査も行われた。認証官にとっても、天然林に自生するコーヒーを見るのは初めての経験だったという。ベレテ・ゲラの豊かな自然と、住民たちの素朴な生活の営みは、彼らに好印象を与えたようだった。

森林保護区での調査が終わると、収穫したコーヒーがいったん、集荷されるジンマの脱穀・選別・一時保管施設と、アジスアベバの最終選別・輸出倉庫の施設検査も行われた。RA認証を受けたコーヒーは、トレーサ

ビリティ(生産から小売り段階まで、商品の流通経路の追跡が可能な状態)が確保されていることが必須となる。途中でほかの生豆と混合されては、認証の意味がなくなってしまうからだ。そのため、各集荷拠点の施設も審査の対象になっていた。

8日間の現地審査が終了して約1カ月後の2007年11月14日、RA本部から待ちに待った合格通知がプロジェクト事務所に届けられた。プログラムの着想からわずか11カ月のスピード合格という快挙だった。

協力者にも恵まれていた。実のところ、この時の審査ではすべての項目で及第点を得たわけではなかった。しかし、今後、改善を図っていくという条件付きで合格できるように、アセファがRAの審査官らにかけあってくれていたのだ。

一方で、認証取得があまりにスムーズに進んでしまったことで、早い段階で取り組んでおくべきだった課題への対応が後回しになってしまったことも事実だ。

特にRA認証制度の理念と輸出プレミアムの還元メカニズムについては、ほとんどの農家がよく理解できないうちにプログラムがスタートしてしまうことになった。そのため、「JICAがコーヒーを高く買い取ってくれる」のだと単純に誤解してしまった人も多かった。

「高く買ってくれるなら、森を伐採してもっとコーヒーを植えよう」

「ガーデンコーヒーも混ぜて、出荷量を増やせばいいんじゃないか」

そんな発想をする農家がいても不思議ではなかった。

しかし、このような行動はレインフォレスト・アライアンスの認証理念に反するものだ。毎年繰り返される年次監査で、基準違反を指摘され続けると、せっかく取得した認証が取り消されてしまうかもしれない。

生産者の認識向上のほかにも、マーケティングと輸出支援の分野でも課題が多かった。プロジェクト関係者の誰も実務経験がなかったコーヒービジネスについて、十分な準備ができる前に認証を取得してしまったことで、さ

まざまな課題がのちのツケとなって返ってくることになる。

もう一人の協力者

認証審査の準備をすすめている時、プロジェクトチームは、同時に輸出ビジネス支援の準備も始めていた。レインフォレスト・アライアンスの認証制度はフェアトレードや有機栽培認証のように生産者からの最低買い取り価格や品質を保証するものではなく、環境と人にやさしい方法で生産されるコーヒーに対し、高い付加価値を払ってくれる消費国に輸出することで、初めてプレミアム価格が実現する。この輸出益を生産者に還元することで、森林保全型の生産システムを維持できるよう応援することが、RA認証の仕組みだ。

ベレテ・ゲラのフォレストコーヒーは、それまで海外向けに出荷されたことがなかったため、収穫後の乾燥・加工の段階で、適切な品質管理が行われているとはいい難かった。RA認証の付加価値によってプレミアム価格を生産者に還元するというプログラムのシナリオを完結させるためには、収穫後の品質管理からマーケティング、輸出までの全プロセスを支援しなければならない。特にマーケティングは、従来の開発プロジェクトではしばしば取りこぼされてきた課題でもあった。

プロジェクトでは、バリューチェーンのこの部分を補完するために、エチオピアの民間コーヒー輸出業者とビジネス・パートナーシップ契約を結び、生豆の買取りだけではなく、品質管理と輸出手続きのノウハウを提供してもらうことを考えていた。

連邦農業省のコーヒー担当部局などから、優良な輸出業者のリストを提供してもらい、最終的に2社とパートナーシップ契約を結んだ。そのうちの1社、バガレシュ社の最高経営責任者（CEO）であるアブダラ・バガレシュは、RAのアセファと同様、後々までプロジェクトの良き理解者、協力者として長いつきあいをすることになった。

第4章　プロジェクトの命運を握るコーヒーの原生林

協力するのはあたり前

　バガレシュ社は、現社長のアブダラの祖父が、1943年に創業したエチオピアで最も古い民間コーヒー会社の一つである。70年の会社の歴史の中で、2度の政変を経験し、特に1974年から1991年まで続いた社会主義政権時代に、産業の国有化が進み、政府によってコーヒービジネスが独占された間も、細々と営業を続けてきた。その実績から、バガレシュ社は政府機関や国内外の業界関係者の信頼も厚く、アブダラは政府のコーヒー輸出政策などを検討する委員会などから助言を求められることもあった。

　アブダラによると、バガレシュ社は2000年頃から、一般輸出用のコモディティ・コーヒーだけでなく、高品質のスペシャルティ・コーヒーの商品開発にも力を入れるようになり、エチオピア国内で生産されるあらゆる種類の認証コーヒーや、高品質コーヒーを発掘するための調査を行っていた。そのため、JICAのプロジェクトがRA認証コーヒー輸出のパートナー企業を探しているという話を聞いたときには、どんな協力でもする準備ができていたという。もちろん、ビジネスとしての関心もあったが、認証コーヒーの取引によって森を守るという公益性の高い事業に対し、エチオピアのコーヒー業界の名士としても、国民の一人としても、協力しないわけにはいかないという使命を感じていた。それに、仕事柄、長年、日本企業との取引があり、何度も日本を訪れているアブダラ自身は、大の親日家でもあった。

　「日本人と仕事をするのは、最初は大変です。注文は細かいし、なかなか取引の話が進まなくて、われわれが信頼できる会社かどうか、じっと様子をうかがっている。でも、一度、信頼関係を築くことができたら、一生涯の付き合いになる。日本人は短期的なビジネスで金儲けをしようとは考えていないのでしょうね」

　アブダラは、その日本が支援するプロジェクトに対し、できる限りの協力をしたいと考えていた。

　「日本人は勤勉で、目的をしっかり持っている。コーヒー業界の日本人

も、JICAで働く日本人も、本質的には同じですね。

　だけど、JICAの専門家は、自分の利益のためではなく、エチオピアの貧しい農民の暮らしを助けようとしてやってくれているんだから、エチオピア人の私が協力するのは、あたり前だと思ったんですよ」

チャリティに頼らない仕組みをつくる

　ベレテ・ゲラの認証コーヒーの最初の買い付けは、2008年1月から始まり、バガレシュ社、他1社が、市場価格に15〜25%を上乗せした額を農家に支払った。

　本来、プレミアム価格は、輸出業者が買い取ったあと、選別や等級付けを経て、輸入国側の企業への売却額が確定した段階ではじめて計算が可能になる。生産者に輸出益の一部が還元されるのは、その後のことなのだが、ベレテ・ゲラの農家にコーヒープログラムに参加するメリットを実感してもらうためには、多少、比率が落ちても早期の支払が効果的だと考えられた。

　そこでプロジェクトチームが企業側と交渉することで、買い付け時点でプレミアム分を上乗せした代金を一括して払うという好条件を引き出すことができた。効果は歴然で、最初は迷っていた農家も、翌年からのプログラム参加に強い関心を示すようになった。

　ただし、この年のベレテ・ゲラのコーヒーは、結果として認証コーヒーとしての輸出はできなかったことは補足しておく必要がある。というのも、初年度は仕入れ量が少なかったために輸出コンテナ1個分にも満たず、ほかの生豆と混合して輸出されたため、RA認証証明書が発行されなかったのだ。

　つまり、初年度に支払われたプレミアム価格は、プロジェクトの理念に賛同する企業の好意によって実現した、いわば「チャリティ価格」だったともいえる。企業にとっては、買い取り量自体が少なかったため、負担になるような額でもなかった。しかし、「チャリティ」に頼らない、本来の意味で

市場メカニズムを通じたプレミアム価格還元を実現するには、今しばしの時間と、いくつかの障害を乗り越える必要があった。

ただ、内情はどうであれ、農家にとっては、これまで地場のマーケットで安く買い叩かれていたフォレストコーヒーが高額で売れたのは事実である。このニュースは、ほかのコーヒー生産農家の間にもあっという間に知れわたり、プロジェクトが進めているワブブによる森林管理活動に対する関心も高まった。

そして、もう一つ、朗報が届いた。

ベレテ・ゲラのコーヒーが認証審査に合格したことが、レインフォレスト・アライアンスのホームページに公表され、これを見た日本の商社、兼松株式会社のコーヒーチームが、西村に直接、コンタクトをとってきたのだ。兼松はすでに中南米産のRA認証コーヒーを取り扱っていたが、アフリカ産のものは珍しく、日本で商品化の可能性のあるコーヒー豆を探していたというのである。

当初からプロジェクトでは、認証取得後のコーヒーの輸出先として日本を見込んでいた。日本はドイツに次いで世界第2位のエチオピア産コーヒー豆の輸入国であり、プロジェクトが日本政府の支援によることからも、日本の民間企業と連携してマーケティングの支援をするというのは自然な流れだった。

これでいよいよベレテ・ゲラのフォレストコーヒーを、日本に向けて輸出する道筋が見えてきたと思われていた。

10. 暗礁に乗り上げるコーヒープログラム
困難な道の始まり

ベレテ・ゲラで最初のレインフォレスト・アライアンスの認証コーヒーの買い付けが始まったまさに同じ頃の2008年初め、順調と思えたコーヒープログラムの先行きに暗雲がたちこめるような事態が持ち上がっていた。

その頃、バガレシュ社のアブダラは、近々エチオピア農産物取引所が開設され、輸出用コーヒー豆の売買は、すべてこの取引所での競売を通すことが義務づけられるようになるという情報を得ていた。取引所の設立目的は、地域の仲買人の独占力を弱め、主要な農産物取引の透明性・競争性を確保することで、小規模農家の利益を守るということだった。目的自体は歓迎されるべきことだったが、このシステムの難点は、生産者から出荷されたコーヒー豆が、地域の取引所で格付けされたあと、生産地やグレードごとに混合されてしまうということだった。これでは、認証コーヒーと一般のコモディティ・コーヒーが混ぜられてしまい、認証維持に欠かせないトレーサビリティを確保できないし、輸出業者は、農園や産地による生豆の指名買いができなくなる。新しい法律は、RA認証商品に限らず、あらゆる種類のスペシャルティ・コーヒービジネスを潰しかねなかった。

アブダラは業界仲間とも連絡を取り合い、政府担当部局に対して陳情したり、意見書を提出するなどして、スペシャルティ・コーヒー市場に配慮をしてもらうように奔走していた。

ベレテ・ゲラの現場では、まだ、こうした動きがあることを知らないプロジェクトチームが、初年度のコーヒーの買い付けと並行し、翌年からプログラムに参加する農家の募集を始めていた。最初の4集落550世帯が出荷したチェリーが高値で取引されるのを見て、周辺農家もプログラムの参加を希望するようになり、登録農家は前年の3倍以上の21集落1,700世帯に増えていた。現場では、これで十分な量の認証コーヒーの確保が可能になり、日本市場への売り込みが実現できると楽観的に考えられていた。

残留農薬、見つかる

そんな折、最初の悪い知らせは、ほかでもない日本からもたらされた。2008年4月、日本に輸入されたエチオピア産コーヒー豆の一部から、基準を超える量の残留農薬が検出されたというのだ。調査をした結果、農薬

は生豆そのものではなく、それを保管していた麻袋に付着したものが移って検出されたらしかった。しかし、風評はあっという間に広がり、エチオピア産モカの買い控えが始まってしまった。日本は、輸入停止の措置はとらなかったものの、エチオピア産コーヒー豆の検疫基準を最高レベルに押し上げた。その結果、2007年にエチオピアから日本に輸入されたコーヒー豆が約2万9,000トンであったのに対し、問題が発生した2008年には、約8,000トン、2009年には、1,000トンにまで落ち込んでしまった。（2010年に1万トンまで回復）

　この知らせと相前後して、エチオピア農産物取引所が正式に設立され、以後、民間業者によるコーヒー売買は、認可を受けた農業協同組合を通したものを除き、すべて取引所での競売の手続きを経ることが義務づけられた。

　さらに、4カ月後の2008年8月には、「コーヒーの品質管理と商業取引に係る法律」が公布された。このコーヒー新法の下で、コーヒー取引業者の役割は、卸売業者と輸出業者の二つに分類され、卸売業者は、自社が取引所に卸した生豆の競売に輸出業者として参加し、これを買い戻すことが禁止された。これでは、バガレシュ社がワブブの生産者からコーヒーチェリーを買い付けた場合、同じ生豆を取引所で落札し、輸出することができなくなる。認証コーヒーの輸出元となって海外のバイヤーに売れないとなると、生産者へのプレミアム価格の還元もできない。それ以前に、そもそも、生豆を取引所に卸した時点で、ほかの豆と混合されてしまい、トレーサビリティの証明ができないため、RA認証は無効になってしまう。

　ただし、新しい法律の「施行細則」には、高品質・付加価値のコーヒーについては、特例措置をとることが可能な旨が付記されていた。認証コーヒーについても、この特例措置が適応されるだろうというのが情報筋の観測だった。

　チーフアドバイザーの西村は、コーヒープログラムの動向について、

FAOの萩原とも連絡を密に取り合い、萩原が出張でエチオピアに来る時には、FAOとも連携して連邦農業省への働きかけを行った。在エチオピアの日本大使も、プロジェクトの出資国として、エチオピアの副首相に直接面談し、プロジェクトが支援する認証コーヒービジネスへの理解を求めた。このように、2008年の後半は、さまざまなルートを通じてのエチオピア政府機関へのロビー活動と、関係機関との協議・調整に多くの時間が費やされた。

その間も、ベレテ・ゲラでは新たなプログラムに参加する農家の登録手続きと、レインフォレスト・アライアンスによる年次審査に向けた準備が続けられていた。日本での農薬汚染騒動や、農産物取引所設立とコーヒー新法の公布といった事情は、山村の農家にとっては遠い世界の話だった。少しでもコーヒーを高く売って生活を良くしたいという、ささやかな期待だけが膨らんでいた。

これ以上は無理だ

年が明けた2009年の春、西村と萩原は、アジスアベバの連邦農業省マーケティング局の担当部長に、認証コーヒー取引の扱いに関する最終回答を聞きに行った。

「われわれとしても方法はないかいろいろ調べてはみた。しかし、残念だが現段階では認証コーヒーの取引に対して特別措置が認められる見込みは、ほぼなくなったと言っていいだろう」

農産物取引所の設立以来、協議を重ねてきたその担当官からは、期待していた回答は、ついに得ることはできなかった。

「ただし―」

担当官は続けた。

「法律では、コーヒー生産者が協同組合を組織すれば、取引所での競売を通さなくても直接輸出業者と取引ができることになっている」

連邦農業省の最終回答を聞いたあと、二人は今後の対応を協議するためにJICA事務所に向かった。
　「これ以上は無理だ。諦めよう」
　道すがら萩原が声をかけたが、西村は沈黙したまま何も答えない。車内に張りつめた空気が漂った。
　JICA事務所に到着すると、次長の安藤直樹、担当者の中村貴弘も交え、今後の方針について話し合った。そこは2年半前、萩原が初めてエチオピアを訪れ、プロジェクトの新しい戦略とコーヒープログラムの導入について、皆で議論をした場所だった。あれが、ターニングポイントだった。そして今また、プロジェクトは新たな岐路に立たされていた。
　萩原は、ここに至って認証コーヒーの輸出を断念することを主張した。理由は明白だった。プログラムの着想自体は良かった。戦略の方向性は間違っていない。認証取得もスムーズにできたし、初年度の出荷量が少なかったとはいえ、徐々に参加者を増やし、品質を改善していけば、フォレストコーヒーの輸出は軌道に乗ると思われていた。しかし、農産物取引所の設立と法律の改訂で、エチオピアのコーヒー輸出ビジネスを取り巻く環境が大きく変わってしまったのだ。
　同時にその頃、現場の業務負担は限界を超えようとしていた。彼らが取り組んでいたのは、コーヒープログラムだけではない。プロジェクトの目的はあくまでも参加型森林管理体制の確立であって、農業生産の向上でも、コーヒー輸出振興でもない。萩原は、これ以上スタッフの時間と労力を、コーヒープログラムに費やすことはできないと主張した。
　「しかし—、
　だからといって、今更、コーヒープログラムを中止することはできません。それでは、農家の信頼を完全に失ってしまう」
　西村は、この時になって初めて萩原の意見に真っ向から反対した。

西村勉の挑戦

　3年前、チーフアドバイザーに就任したばかりの西村は、プロジェクトの戦略づくりのブレインとして、萩原に頼る部分が多かった。萩原の提案は、いつも論点が明確に整理されていたし、具体的かつ実践的だった。この時も萩原の意見の方が、正論といえば正論だ。

　しかし、数カ月に一度、プロジェクトの運営指導でやってくる萩原と、西村の立場は違っていた。日頃から農家や普及員と接している西村にとっては、ここで認証コーヒーの輸出を断念することは、プロジェクトそのものを放棄することに等しかった。ベレテ・ゲラの農家は、今やコーヒープログラムがあることで、ワブブの活動にも積極的に協力してくれるようになった。森林公社に不信感を持っていた住民とここまで信頼関係を築いてこれたのは、長い時間と対話を通じて、一つひとつの活動を積み上げてきた結果だ。今更その住民の期待を裏切るようなことをすれば、両者の関係は、プログラムの導入前よりも悪化してしまうだろう。それだけ農家の期待が大きいことを、西村は肌で感じていた。

　コーヒープログラムの中止を主張する萩原に対し、西村は次のような代案を出した。

　今後、数カ月間で、プログラムに参加を希望している48集落をグループ分けし、収穫が始まる秋頃までにコーヒー輸出に特化した生産者協同組合として組織化する。それから森林公社に輸出業者の免許を取得してもらい、協同組合からコーヒーを直接買い付けることで独自の輸出ルートを確保し、農産物取引所での競売を迂回するというものだ。

　しかし、もともと農業協同組合というものにも不信感を持っている農家を、短期間で説得してワブブ内の別の組合組織としてまとめあげることも、コーヒービジネスのノウハウが皆無の森林公社に、いきなり輸出業者の免許を取得させることも簡単にできることではなかった。

　特に農協の問題は厄介だった。

エチオピアの農村部には、社会主義を標榜していた前軍事政権の主導で組織された多目的の農業協同組合がすでに存在していた。しかし、これらの組合は政府当局による農民の統制・管理強化の手段という性格が強かったため、農民の間には一種の農協アレルギーのようなものがあったのだ。現政権に代わったあと、新たな協同組合の組織化が進められたが、相変わらず農民の反発は強く、どの組合もペーパー上で存在するだけで、機能不全に陥っていた。

　萩原はリスクが大きすぎると思った。しかし、西村は譲らなかった。

　「森林公社に輸出業のノウハウが欠けているところは、バガレシュ社のように協力的な企業と契約を結び、輸出手続きの代行を依頼することもできます。

　協同組合さえ組織できれば、輸出先のあてはある。RA認証を取得した時から、兼松株式会社がずっと関心を持ち、こちらの輸出環境が整うのをずっと待ってくれているんです」

多くの課題には正解がない

　当時の話し合いの様子を中村が振り返る。

　「あの時の西村専門家は、コーヒープログラムを中止するくらいなら、すぐにでもチーフアドバイザーを辞して帰国するとまで言い出しかねない様子だった」と。

　2年半前にエチオピアに赴任して以来、中村はベレテ・ゲラから多くのことを学んでいた。プロジェクトは想定どおりに進むことのほうが稀だ。担当者としての自分の役割は、プロジェクトの枠組内での成功にこだわるあまり、「計画どおりに進んでいるか？」を現場に問うことばかりではない。計画と異なっていても、それが現場の実情を反映していて、最終受益者である森林住民の利益にになるならば、むしろ積極的に採用すべきだと思った。

　そのために中村はアジスアババから500キロ離れたジンマに何度も足を運

び、現場の関係者の話に耳を傾け、専門家との議論の時間を大切にしてきた。そして少しでも現場のリアリティに沿った視点を持てるように日頃から心がけてきた。その積み重ねがあるから、今の信頼関係がある。西村がそこまで覚悟を決め、コーヒープログラムを続けたいというのだから、中村には反対する理由がなかった。

　次長の安藤も同じ気持ちだった。日々のプロジェクト管理は中村に任せっきりだったが、時に専門家チームや中村に議論を投げかけ、自分は口うるさい存在ではないかと反省することもあった。

　——JICA事務所からの意見は、現場から離れているがゆえに、良くいえば客観的、悪くいえば他人事のコメントになってしまう。しかし現場に集中するあまり、プロジェクトチームが対局的な視点を見失い、思考のループに陥ってしまわないためには、時々の「外部者」からのコメントは有効だ。

　ただし、それには条件がある。最終的な判断は現場に任せるという許容があってこそ、そのコメントは生きてくる。結局、現場のことは、現場が一番わかっているのだし、決断には責任がともなう。

　——多くの課題には絶対的な正解がない。

　「外から口を出す者は、そのことを肝に銘じ、変化する現実を受けいれる謙虚な姿勢を持つことが大切だ」と安藤は強調する。

　「でも、一番、謙虚な姿勢で厳しい現実と対峙していたのは、西村専門家をはじめとする現場のチームだった」とも。

　そして、もう一人の外部者の萩原も、思いは同じだった。それでも最後にもう一度、プログラムを継続することで起こり得るあらゆるトラブルやリスクを並び立て、それにどう対処するつもりか西村に問いただした。西村は一歩も引かず、萩原が挙げるリスクの一つひとつに対して、明確に対処案を答えていった。

　——ああ、これで俺の役割も終わったな。これからは西村さんが一人でやっていける。

この時を境にして、西村はチーフアドバイザーとしてより強いリーダーシップを発揮するようになっていった。萩原と意見が異なれば、正面から自分の考えを主張し、対等に議論をするようになった。萩原は、そんな西村との議論を楽しんだ。

吉倉利英の苦悩

　こうしてコーヒープログラムの継続が決まり、新たに協同組合の設立と森林公社の輸出ビジネス支援という仕事が加わったことで、プロジェクトチームの人員補充は不可避となった。新たに日本人の協同組合専門家を派遣してはどうかという案も出たが、時間がない。それに西村は「船頭多くして船山に登る」という事態に陥ることは避けたかった。ここは再びエチオピア人スタッフを増員することで乗り切ることにした。今、必要とされているのはプロジェクトの指示どおりに現場を動かしてくれる兵卒だ。

　こうして、コーヒープログラムがいよいよ困難な局面を迎えた2009年6月、新たに5人のコーディネーターがチームに加わった。新人の5人は、プロジェクト・コーディネーターのウォンドセン・テスフェウ、郡コーディネーターのキダネ・ビズネとアッバス・ジュマールの下で、フィールド・コーディネーターとして各郡の集落をいくつかのブロックに分けて担当することになった。これでプロジェクトの専従スタッフは8人となり、この体制で、指揮官の西村のもと、協同組合の設立支援に集中的に取り組んでいくことになった。

　ただし、やむを得ない状況だったとはいえ、この時点でのさらなるコーディネーターの増員は、森林公社の現場活動への関与がますます限られ、それが常態化しまうことも意味していた。これではまたオーナーシップが下がってしまう。

　こうした状況を、吉倉は複雑な思いで見守っていた。

　普及フェーズの戦略検討会議にも関わっていた吉倉は、住民へのインパクトを最優先するという萩原が最初に示した考え方には賛成だった。そ

れに、日本人専門家の中では最も農家に接する時間が長い吉倉は、彼らの期待の大きさも十分にわかっていた。何があってもプログラムは中断できない。

それでも、業務調整役を兼ねていた吉倉は、ほかのプロジェクトとの合同会議や研修などに参加する機会が多く、よそでは実施機関のカウンターパートが率先して事業の説明や取りまとめを行っているのを見るたびに、森林公社の消極的な姿勢や関与の弱さを情けなく思っていた。

——本当に、このままでいいのだろうか。多少、進捗を犠牲にしても、日本人専門家やコーディネーターが担っている現場業務の管理をもっと森林官に任せるよう工夫して、我慢して見守る姿勢も大切なのではないだろうか。

吉倉は自問自答を続けた。

あれから5年以上が経ち、専門家としての経験を積んだ今も、吉倉は時々、当時のこと振り返る。もっと良いやり方があったんじゃないかと反省する。しかし、どうすれば一番良かったのか、いくら考えても答えはでなかった。そもそも最初から答えなどないのだ。それでも問い続けることが、他人の国の社会開発に介入していく国際協力専門家として、自分を律していく唯一の道なのではないかと思った。

お調子者のウォンドセン

そんな日本人専門家たちの苦悩をよそに、ローカルコーディネーターのリーダーであるウォンドセン・テスフェウは、コーヒー協同組合の早期設立のために、現場の村々を飛び回っていた。

ジンマ生まれで、ムハマド・セイドと同じウォンドガネット林業学校を卒業したウォンドセンは、3年前JICAが森林管理プロジェクトのコーディネーターを募集していることを知ると、履歴書の一部をごまかして応募した。コーディネーターの採用条件には、この地域の農民の母語であるオロモ語が必須

となっていたのだが、ジンマ育ちでシティボーイを自称する彼は、オロモ人ながら、実は、オロモ語をほとんど話すことができなかったのだ。それでも口達者なウォンドセンは、うまくごまかして面接を切り抜け採用されたまではよかったが、そんなことはすぐにばれてしまう。幸い、首にはならなかったものの、約束の初任給を下げられてしまったことが悔しくて仕方がない。そこで得意の英語を駆使して、ケニア人講師を招いてのファーマーフィールドスクールの研修時に、通訳としての活躍を見せつけせた。一緒に採用されたキダネやアッバスは、逆にオロモ語はできても、英語がままならなかったのだ。

　ウォンドセンは、西村と吉倉に1,500ブルから3,000ブルへの昇給を要求した。ほかのコーディネーターが、どちらかといえば奥ゆかしかったのに対し、いきなり倍額という大胆な賃上げ要求をしておいて、少しも悪びれた様子もないウォンドセンに、西村も最初は度肝を抜かれた感じだった。しかし、それは逆に彼の交渉力を証明するものであったし、文句も多いが行動力もある彼の力は是非とも必要だった。結局、この異例の要求は受け入れられた。ずる賢いのにどこか憎めない、得な性格の持ち主だった。そのウォンドセン抜きには、コーヒー協同組合設立の成功は語れない。

　プロジェクトでは、前政権時代に組織され、機能不全に陥っている多目的農業協同組合はそのままにして、新たにコーヒーの共同出荷に特化した組合を組織する方針を決めていた。とはいえ、認証コーヒーの輸出を希望するすべての集落で別々の協同組合を設立するのは現実的ではない。そこで、協同組合振興事務所の専門家とも相談した結果、フォレストコーヒー生産地を、主な集荷場へのアクセスなどの条件によって六つのゾーンに分け、同じゾーンに属する集落をいくつかまとめて一つの組合をつくることにした。

　この方針が決まると、ウォンドセンは対象集落のワブブ委員長を訪ねてまわり、コーヒー生産農家の組合化が必要になった理由を説明して歩いた。

協同組合設立には、多少の資金が必要なこと、活動は認証コーヒーの共同輸出に限定したもので、多目的農協とは違うこと、そして、ワブブの境界確定と暫定森林管理契約の締結が完了していることが、コーヒー協同組合設立を支援する条件であることなども説明した。その後、ほかのコーディネーターや協同組合振興事務所の担当者と手分けをして、すべての生産農家を回り、組合設立に賛同してもらうように説得して歩いた。

オバシャリコ村事件

この頃のプロジェクト現場では、協同組合の設立だけではなく、森林境界確定や、ファーマーフィールドスクールの巡回指導など、一度にやらなければならない仕事をたくさん抱えていた。そのため、村から村へ、かなりの強行軍で幾晩も泊り歩きながら業務をこなしていかなければならなかった。

そんな中、小さな事件が起こった。

ある日、ウォンドセンと新人フィールド・コーディネーターのマハディが、ゲラ森林の奥地にあるオバシャリコ村で、森林境界確認の作業とコーヒー組合設立についての説明会を開いた。すべての仕事を終え、次の村に向けて出発しようとしていると、村長から「食事を用意したので食べてから行くように」と招待された。森林境界合意のお祝いだという。村では貴重なはずの羊を一頭屠っての歓迎に、すっかり気を良くしたウォンドセンは、ついつい長居をしてしまった。しかし、翌日は早朝からアファロ村で約束があるため、その日のうちに移動しておかなければならない。オバシャリコ村でロバを借りて慌てて出発したのはよいが、雨季のために足元が悪く、もたもたしているうちに、森の中で日が暮れてしまった。

漆黒の闇に包まれた森の中で、風に揺られた木々が、突然、カサカサと音を立てる。時折、遠くから聞こえてくる獣の声に、まずは、乗っていたロバが怖がって一歩も進まなくなってしまった。山での仕事に慣れているマハディは、大丈夫だと言って、ウォンドセンを元気づけようとするが、町で

育った彼は、恐怖と後悔と自分自身への怒りで、返事をすることもできなくなっていた。

　——どうして無理して夜の移動を決めてしまったんだろう。ニシムラに報告したら、きっと、怒られる。

　余分な食料も水も持ってきていないので、野宿をするわけにもいかない。マハディに促されて、ウォンドセンはロバを降りて、手綱をひっぱりながら、恐怖と涙で顔をくしゃくしゃにしながら山道を歩いた。強がりでいつも親分気取りのウォンドセンにしてみれば、闇に紛れてマハディに泣き顔を見られずにすんだことが、せめてもの救いだった。深夜近くになって、二人はようやくアファロ村にたどり着くことができた。アファロの村長にもこっぴどく怒られた。

　しかし、翌朝には、ウォンドセンは何事もなかったように、集まった住民に組合設立の必要性を説く演説をしていた。多少の誇張も含まれていただろうが、このエピソードは当時の現場活動の厳しさをよく物語っている。

　「途中で、無理かもしれないと思うこともあった。だけど、ニシムラをはじめチームの誰も諦めようとはしなかった。だから俺もやるしかないと思った。頼りにされていることが嬉しかったし、自分にとっては大きな自信になった」

　のちにウォンドセンはそう語っている。彼にしてみても、農家の期待の大きさを考えると、コーヒープログラムを頓挫させることはできないという強い気持ちは同じだった。

　こうしてウォンドセンをはじめとするコーディネーターの活躍により、組合設立に取りかかってから4カ月後の2009年の11月末までに、六つのコーヒー協同組合が組織され、無事、農協振興事務所に登録することができた。すでに、ワブブの森ではコーヒーチェリーの収穫作業が始まっていた。

カフェネイチャー　ワイルドベレテゲラ

　協同組合を設立することで、生産者側の体制が整いつつある一方で、輸出体制の整備も同時に進めなければならなかった。森林公社が、協同

組合から直接、認証コーヒーを買い付け、農産物取引所を通さずに海外市場に出すためには、まず、輸出業者としてのライセンスを取得しなければならない。コーヒー輸出ビジネスのノウハウなど皆無である森林公社を支援するため、ここで再び、バガレシュ社のアブダラに協力を依頼した。プロジェクトが仲介役となって、森林公社とサービス契約を結んだ。バガレシュ社は、自社の専門家を現地に派遣し、輸出用品質の生豆の生産に必要な、選別・精製・保管のプロセスについて指導し、また、それに必要な同社のジンマの施設を提供してくれた。それだけでなく、企業秘密ともいえる自社の輸出申請業務のノウハウをすべて開示しての「フォレストコーヒー輸出手続きマニュアル」の作成にも尽力してくれた。

こうした支援があって、2010年4月、森林公社は、コーヒー輸出業者としての仮免許を取得することができ、ワブブの協同組合からコーヒーチェリーの買い付けが始まった。

ロバの背に揺られて協同組合に出荷されるコーヒーチェリー
写真：西村勉

この年の仕入れ量は、乾燥チェリー換算で約77トン、精製・選別後の生豆にして約35トン。輸出用コンテナ2個分の分量になった。8月には、プロジェクトとバガレシュ社の仲介のもと、かねてからレインフォレスト・アライアンスの認証コーヒーの買い付けを待ち望んでいた兼松株式会社と森林公社の間で商談がもたれた。兼松としても、実績のない森林公社だけが取

引相手なら不安もあったが、バガレシュ社とは長年の取引があり、その会社が輸出手続きを全面的にサポートしていることから、安心して契約を結ぶことができた。

この取引で、兼松株式会社は、森林公社が買い付けた生豆の全量を、1キロ当たり6.15ドルで買い取ることに合意した。ジンマ産の一般的なナチュラルコーヒーが、1キロ当たり2.8から3.0ドルで取引されているのと比較すると、2倍以上の価格になる。認証コーヒーの日本国内での販売先としては、UCC上島珈琲との取引がすでに内定していた。UCCはこれまでにも地球環境保全活動の一環としてRA認証コーヒーを輸入・販売していた。

2010年末、第1回輸送分の18トンが、無事、日本の検疫と通関手続きを終えてUCCに引き渡された。そして、翌2011年2月、「UCCカフェネイチャー　モカ　ワイルドベレテゲラ」という商品名で日本の消費者に届けられたのである。

バリューチェーンの完成

さて、森林公社とコーヒー協同組合の間の契約では、輸出手続きがすべて完了し、確定した利益から税金と諸経費を差し引いたあとの純利益を、両者がそれぞれ3割と7割で分配することになっていた。この輸出純益に基づき、森林公社は、六つのコーヒー協同組合に対し総額112万ブル（約574万円）を支払った。

一方、協同組合は、この中から組合運営費や内部留保分を差し引いた金額（45％）を、出荷量に応じて個々の生産者に分配した。このいわゆる輸出プレミアムの還元額は、生産者1世帯当たり、平均1,176ブル（約6,000円）になった。農家は、乾燥チェリーの出荷時にすでに、地場価格で1世帯当たり平均1,454ブル（約7,480円）の一時金を受け取っているので、約8割のプレミアム還元となる。これは、ベレテ・ゲラの貧しい農家に

とっては、大変な額だった。

　この時のコーヒーチェリーが出荷されたのは2010年1月だったが、森林公社にとっては初めての輸出手続きと純益の会計処理に時間がかり、実際にプレミアムが支払われたのは、1年半が経過したあとの2011年6月だった。忘れかけていた頃の思いがけないプレミアム還元だったため、農家の喜びはことさらに大きかったようだ。それまで協同組合への不信感から加入を渋っていた農家の参加希望者も急増した。

　この輸出益確定後のプレミアム還元をもって、プロジェクトが描いたシナリオどおりのフォレストコーヒー認証プログラムの1サイクルがようやく完了したことになる。

　2007年のプログラム着想から、認証取得までは、10カ月という短期間で進んだとはいえ、その紆余曲折の歴史を振り返ると、フォレストコーヒーの生産・加工から輸出に至るまで、バリューチェーン全体を支援するという活動が、いかに難しい挑戦だったかということがわかる。結局、バリューチェーンの最初の1サイクルを完成させるために、4年の歳月がかかったことになる。

　この時点で、プロジェクトはすでに延長フェーズの終盤にさしかかっていた。不退転の姿勢でプログラム継続を決めた西村自身は、普及フェーズの任期満了で帰国してしまったあとであり、認証コーヒーの日本への輸出を現場で見届けることはできなかった。お調子者の功労者ウォンドセンはというと、ベレテ・ゲラ・プロジェクトでの経験と実績が評価され、もっと高い給料を払ってくれるアメリカのNGOにちゃっかりと転職してしまっていた。

第5章

積み残されていた課題

写真：西村勉

11. 森林行動計画をつくる
計画続行か？　ワブブの機能の強化か？
　　──計画の続行か否か？

　プロジェクトが難しい判断を迫られていたのは、コーヒープログラムだけではなかった。普及フェーズが始まって半ばを過ぎた2009年3月、中間レビュー調査が行われた際に、全集落でワブブを設立するというプロジェクトの基本目標の見直しが、一度、検討されたことがあった。

　この調査では、プロジェクトの折り返し時点までの活動プロセスと中間成果を振り返り、所期の目標が達成される見込みがあるかどうかを判断する。計画時と比べ、プロジェクトを取り巻く環境（相手国の政策や政治・治安状況も含まれる）に変化はないか、活動の阻害要因や促進要因になっているものは何かなどを分析し、必要があれば活動方針や計画の修正を助言する。

　この時の調査では、プロジェクトの進捗は順調で、残りの期間内に数値的目標が達成される見込みは高いと報告された。その一方で、設立されたワブブ森林管理組合の多くは、いまだ自立した組織として森林保全活動を担っていけるレベルには達していないことも指摘された。

　実際に、組合員の森林保全に対する意識や態度はまちまちだった。ワブブを設立しても、半年ごとに定められていた森林公社との合同森林モニタリングが十分にできず、仮に、モニタリングをして違反行為が見つかっても、ワブブの内規や管理契約に罰則などの定めがないために、有効な対処ができていなかった。組合の設立手続き上の不備も報告され、中には、組織として早くも有名無実化しつつあるものもあった。支援対象の集落を急激に増やしたことにともない、さまざまな問題が表面化しつつあったのである。

　そのため調査団は、残りの期間では新たなワブブの組織化には着手せず、すでに設立された組織の強化と森林復旧活動の実現に、重点をおくように助言した。これによりプロジェクト期限内にワブブを設立できない村が残ってしまうが、それらの集落に対しては、森林公社があとを引き継いで

支援を行うという方向で、日本とエチオピア側関係機関はいったんは合意した。しかし、この時の軌道修正案は、すぐに撤回されることになる。

住民代表から反対意見が噴出

　調査団が帰京して半年後の10月、プロジェクトの呼びかけで、ベレテ・ゲラ地区の全村長、シャベソンボ・ゲラ両郡の郡長、郡議会議員、郡農業事務所、森林公社行政官ら関係者が一堂に会し、大規模な森林管理カンファレンスが開催された。今後、住民参加による森林管理体制を本格的に稼働させていくにあたって、すべての利害関係者の権利と役割、責任範囲を明確にし、お互いに承認を得るためである。この会議の席で、プロジェクトチームは、先に行われた中間レビュー調査の結果と活動計画の一部の修正案について説明した。すると、それを聞いた多くの住民代表から、反対意見が噴出したのだ。

　「一部の集落だけ残して、ワブブの組織化を途中で止めてしまうことには納得いかない！」

　「同じカバレの中に、ワブブがある村と、そうでない村が混じりあうようになると、かえって違法な伐採や資源利用が増えるんじゃないか！」

　必死で抗議する村長らの声に、西村勉ははっとした。そもそも無理は承知のうえで、全集落でのワブブ設立を進めてきたのは、この日、住民が指摘したような事態が発生することを懸念してのことだった。ここで彼らの意見を聞かず計画を変更すれば、すでにあるワブブの機能強化どころか、せっかく締結した森林管理契約も反故にされてしまうかもしれない。西村はコーヒープログラムが岐路に立たされた時と同じように、再度の難しい判断を迫られていた。

　状況の変化に応じて計画を柔軟に修正していくことは大切だ。しかし、プロジェクトが「住民参加型」をうたっている限り、計画を変更する時には、第一の利害関係者である住民に説明し、理解を得なければならない。そ

れができなければ、誤解や混乱、プロジェクトに対する不信感につながる。かといって、誰もが納得できるような説明ができるわけではない。

結局、西村は、この時も住民の声に従い、初めの計画を維持することに決めた。こういう局面に立たされた時、「初志を貫く」ことが、西村がとり続けたマネジメントのスタイルだった。

行動計画コンセプトのズレ

実際には、中間レビュー調査が行われる前から、プロジェクトチームは普及フェーズ1年目に設立済みのワブブに対し、機能強化の支援を始めていた。マニュアルどおりに活動を進められれば、1年以内にワブブごとの「森林行動計画」を作り、実践に移すことができるはずだった。しかし、行動計画のコンセプトについて、関係者間の認識が違っていたことから、その作成作業が1年近く中断されたままになっていた。

「森林行動計画」とは、森林公社とワブブが森林管理の本契約を結ぶ際の前提となるもので、境界確定によって森林伐採を抑制するという消極的な方法だけではなく、もっと積極的に森林資源の回復を図っていくために、苗木生産や植林といった具体的な活動と資源利用・管理方法を定めたものだ。

行動計画をつくるためには、まずワブブの管理下におかれる森の現況を把握し、実際の土地利用に基づいた森林区分図を作らねばならない。GIS（地理情報システム）データの活用や現地調査によって、現在、住民が利用している宅地、農地、放牧地、林産物の採取地などと、住民の利用が制限される天然林などを区別し、地図上に記録する。天然林区画については、さらに保全林、荒廃林、無立木地、境界地（バッファーゾーン）などに細かく分類し、それぞれの区画に合った森林の回復や管理の方法を整理し、行動計画の素案を作っていく。

行動計画の内容は、まず前提として、森林公社が政策で定める森林

保護区の経営方針に合っていて、かつ公社の事業予算の範囲内でできる活動である必要があった。そのうえで、住民のニーズにも耳を傾け、技術的に植林ができる場所や樹種（郷土樹種か外来樹種かなど）を選び、林産物の分配方法やワブブとの費用分担などを一つひとつ確認しながら進めなければならない。そうする中、プロジェクトとワブブ、森林公社がそれぞれ想定していた行動計画の青写真が違っていることがわかってきたのだ。

行動計画の妥協点を探る

当初、プロジェクトでは行動計画の具体案として、次の3種類の植林活動を盛り込むことを想定していた。
- コーヒーや果樹などの住民が利用できる樹種による荒廃地の復旧植林
- 森林と農地、居住地などとの境界地（バッファーゾーン）での補助的な植林
- 農地や屋敷畑でのコミュニティ苗畑やアグロフォレストリーの導入

しかし、関係者と協議を進めていると、まず、1番目の荒廃地の復旧案に、森林公社が反対を表明した。オロミア州の森林管理政令では、森林保護区でのコーヒーや果樹の植林が禁止されていることが反対の理由だった。一度コーヒーの植林を認めてしまったら、農民がそれを拡大解釈し、コーヒー林の拡大のために森林伐採に拍車がかかってしまうというのだ。

一方、2番目のバッファーゾーン植林については、ワブブ組合員が反対していた。プロジェクトでは、当初、生長した樹木の分収権をワブブに認めれば、住民が進んで木を植えてくれるだろうと考えていた。しかし、限られた農地しか持たない森林居住者にとって、それは農地の侵害に等しかったのだ。「よそ者」であるプロジェクトチームが農民のために良かれと思って考えたことでも、実際には、彼らのニーズにはあわない場合がある。そのため考えを修正し、農民に植林をしてもらうために、あえて植林地を指定しないことにした。そして、植林の経験のない農民に対しては、苗畑づくりなどの支援が必要なこともわかってきた。

第5章 積み残されていた課題

　プロジェクトチームは森林公社とも協議し、住民と行政の両方にとって受け入れられる妥協案を探った。最終的に森林公社は、政令を拡大解釈することで、最初は反対していたコーヒーの植林案に譲歩した。

　『植林の目的が荒廃した林地の復元や森林被覆率を増やすことにつながる場合に限り、森林状況に応じて特例的な森林利用も認められる』というのである。そして天然林内のオープンエリア（無立木地や劣化林地）では、政令どおり在来樹種の植林に限定するが、コーヒー林に指定された区画に限り、周辺に自生するコーヒー幼木の移植と庇蔭樹となる植林をセットで奨励することで同意したのだ。

　一方、農民が抵抗していたバッファーゾーン植林については、在来樹種に加え、農民が好む外来樹種やコーヒーの植林も認めることで、ワブブの要望を取り入れた。また、村の共有地にコミュニティ苗畑をつくり、森林公社の予算で、種子や幼木、肥料などの資材を援助することが決まった。苗木生産の経験がない農民に対しては、ファーマーフィールドスクールで基礎技術を教えるとともに、森林官、村落開発普及員のほか、農民ファシリテーターも活用して、フォローアップの技術指導を行うことにした。

　こうして、行動計画の基本路線が森林公社に承認されると、中断されていたワブブの機能化と森林行動計画の作成作業が再開されることになった。

森林行動計画のオプションを話し合うワブブ組合員　写真：西村勉

12.「自立」へのハードル
「出口戦略」を考える

普及フェーズも残り4カ月となった2010年6月に再び行われた評価調査では、プロジェクト計画の妥当性、活動の有効性と効率性のいずれについても高い評価を得ることができた。

プロジェクトの成功要因として、調査団は次の要素を挙げている。

まず第一に、森林保全や管理という、それだけでは地域住民の積極的な協力を引き出すことが難しい活動と並行して、フォレストコーヒープログラムやファーマーフィールドスクールといった収入増加に直結する活動を導入することで、農家にとって有効なインセンティブを作り出すことができたこと。コーヒープログラムでは、生産面だけでなく、第三機関による国際認証の取得や民間企業とのパートナーシップにより、バリューチェーン全体を支援することができたこと。さらに、国連食糧農業機関（FAO）やケニア森林サービスなど、類似のプロジェクトで豊富な経験を持つ他機関の専門家の支援を有効に引き出せたこと。農業事務所の村落開発普及員やフィールドスクールで育成した農民ファシリテーターを活用することによって、すべての集落での普及活動が可能になったこと。などである。

普及フェーズの初めに、関係者が喧々諤々の議論の末、作り上げた実施戦略が見事に当たったといってもよいだろう。一時は不可能とも思われていた全集落でのワブブ設立という目標も、ほぼ達成できる見込みだった。

一方で、調査団は、中間レビュー時と同じく、これまでにも幾度となく指摘されていた事業の持続性、森林公社のオーナーシップ、住民組織の機能強化などついては、引き続き課題が残っているとした。

これまで述べてきたように、ベレテ・ゲラの現場活動のほとんどは、村落開発普及員とプロジェクト・コーディネーターによって担われてきたのであり、肝心の森林公社の関与は、森林行動計画の検討といった会議の場などに限られていた。そのため森林公社の事業に対するオーナーシップは

相変わらず低く、参加型森林管理について、森林行政官の経験の蓄積や技術移転は十分ではなかった。

　また、すべての集落でワブブを設立する目途はたっていたものの、森林行動計画の作成が進んでいる集落は、その半数程度しかなく、いずれもプロジェクトの残りの期間内には「実行」段階には至らないと判断された。これでは実践なき行動計画になってしまい、住民が主体となった森林管理活動を経験する機会が得られない。

　そのため、JICAと森林公社が協議した結果、普及フェーズをさらに1年半延長し、プロジェクトの「出口戦略」を検討すると同時に、ワブブ組織のいっそうの強化と森林公社への業務委譲を図っていくことが提案された。

3代目チーフアドバイザー

　再度のプロジェクト期間の延長が決まると、新しいチーフアドバイザー候補者を探す必要があった。普及フェーズでチーフを務めた西村は、研修員時代を含めるとすでに6年にわたりプロジェクトに関わっていたので、これ以上の任期延長は難しかった。かといって森林公社への業務委譲という最後の重要な仕事を、これまでの複雑な経緯をまったく知らない専門家に引き継ぐのも現実的ではない。そこで候補者に挙がったのが、ファーマーフィールドスクールの指導で何度もベレテ・ゲラを訪れていた小川慎司だった。もともと林学が専門の小川は、森林管理分野の技術協力で途上国での経験も豊富だった。それに戦略アドバイザーの萩原雄行とは旧知の仲でもあり、プロジェクトの経緯も知っている。

　萩原も、西村のあとを引き継ぐのは小川が適任だと考えていた。参加型森林管理体制の基礎はでき上がっていたものの、森林行動計画の実践などを現場で進めていくには不備な点も多く、制度としてはまだ穴だらけだった。職人気質の小川は、そうした制度の穴を一つひとつ埋めていき、現場での具体的な活動計画に落とし込むことで、地に足のついた実用性

のある制度に作りなおしていくことを得意としていた。そういう小川の性質を よく知る萩原は、彼なら普及フェーズで西村たちが開拓した土地をならし、 整地していってくれるだろうと考えていた。

一方の小川自身はどうかというと、初めはチーフアドバイザーに名乗りを 上げることには躊躇していたという。参加型農村開発の基本的な考え方 や、フィールドスクールの運営では、萩原が示した方針に共感できる部分 が多かった。しかし、いくら森林公社が非協力的とはいえ、現場の活動を プロジェクトチーム主導で進めるというやり方には以前から疑問をもっていた のだ。このことについて、小川は幾度となく萩原と議論をしたことがある。

そんな時萩原は、普及フェーズを通じて森林公社のオーナーシップを引 き出す努力を、プロジェクトチームが放棄したことはなかったことを説明しよ うとした。そうしながらも、森を守るためにはすべての村でワブブを組織し、 それを住民の財産として残していくことを優先せざるを得なかった。

一方、ケニアでは森林サービスの行政官と二人三脚でプロジェクトを動 かしてきた小川は、カウンターパートと「一緒にやる」ことを信条にしていた。 優先順位の違いである。この件に関しては、二人の議論は平行線をたどっ た。

それでも、小川は最終的にチーフアドバイザーのポストに正式に応募す ることを決めた。小川の迷いを払拭し、決断させた理由の一つに、ムハ マド・セイドの存在があったという。一時は日本人専門家との確執もあり、 なかなか腹の内が読めないことから、「狸オヤジ」とも呼ばれていたムハマ ドを、小川はなんとなく憎めずにいた。彼は彼なりに、地方行政官として 生き残るための戦略を持っていたのだろう。それでも、内心ではいつもプロ ジェクトの行く末を気にかけているムハマドなら何かあれば助けてくれるだろ うと小川は期待した。彼の調整力なしでは、森林公社への業務委譲が 中心課題の一つとなる延長フェーズを乗り切ることは難しいと思われた。

13. 遅れて育ったオーナーシップ
専門家の重圧

それでも、小川をはじめとして延長フェーズを担うことになった専門家たちは、大きな重圧を感じていた。

ベレテ・ゲラ・プロジェクトは、普及フェーズの目覚ましい成果により、住民参加型の自然資源管理の成功事例として、すでにJICAの内外からも注目を集めていた。

「プロジェクトの実施戦略はすばらしく、成果も着実に上がっている」

その戦略とは、いったんは打ち切りすら検討された事業を立て直すために、背水の陣に臨む思いで専門家たちが絞り出した戦略だった。

森林住民にワブブを組織させ、森林資源の利用権を保障する代わりに、その保全管理を任せることで、行政の支援が届かなかった隙間を埋める。また、ファーマーフィールドスクールによる農地の生産性向上と、コーヒー認証による林産物の付加価値づくりという二つの生計向上活動を取り入れることで、農業開発と森林保全の融和を図り、同時にワブブの組織も強化するというものである。

エチオピアのほかの参加型森林管理プロジェクトを見回しても、ここまで論理的に整理され、かつ、地に足の着いた現場での普及戦略を打ち出した例はなかったといってよい。そして、すべての集落で普及活動を展開するという野心的な目標は、現実に達成されようとしていた。

森林行動計画作成の遅れや、森林公社の関与の低さといった問題が指摘されていたものの、現場の実情を知らない関係者からは、これらはむしろマイナーな問題と考えられていた。「延長期間では、これまでの方針をそのまま継承し、終了時までに森林公社への業務委譲を終えればよい」と、比較的簡単に考えている者も多かった。

しかし、現場の認識は違っていた。実際には、延長フェーズに入ってからも、活動コンポーネントのどれ一つをとってみても、持続的な軌道に乗るまで

には至っていなかった。むしろ支援対象の集落や住民組織が増えたことから、現場の業務は収束に向かうどころか、逆に増え続ける傾向にあったのだ。

ワブブ組織化については、実際には最後の24集落で大幅に手続きが遅れていて、組合設立の目途はたっていなかった。森林行動計画の承認に至った集落はまだなく、森林管理契約も仮契約のままだ。ファーマーフィールドスクールは3シーズンが終了し、6,700人の農民が卒業していたが、実施数を急激に増やしたことから、研修の質の低化が問題になっていた。コーヒープログラムは想定外の障害にぶつかって翻弄された末、やっとのことで協同組合を組織し、認証コーヒーの輸出が可能になったばかりだ。延長フェーズに入った時点では、まだ生産者への輸出プレミアム還元も実現していなかった。

このように実際の現場は、前フェーズから積み残されていたタスクの処理に追われていた。残り1年半の間に、やり残した活動の収束と、その「質」面での改善、さらにプロジェクト終了後をにらんで、森林公社への業務委譲を図っていかなければならない。仕事は山積していた。

「一緒にやる」ことを重視する

延長フェーズ最大の課題は、プロジェクト成果の持続性を確保し、森林公社のオーナーシップを高め、いかにして円滑な業務委譲を行っていくかという「出口戦略」を立て実行していくことだ。これは日本の技術協力が最も重視する、被援助国の「自助努力」や「オーナーシップ」といった理念に関わるものだ。普及フェーズでもこだわり続けた懸案だったが、改善のきっかけをつくれずにいた。

前フェーズまでは、森林保護区全体をカバーするという目標のために、専従コーディネーターを最大時8人雇用し、のべ120人以上の村落開発普及員を動員し、さらには農民ファシリテーターを育成して、猛烈な勢いで現場活動を進めてきた。

しかし、プロジェクトが終わってしまえば、森林公社がこれだけの人員を雇用し続けることはできない。マネジメント能力にも限界がある。森林公社の予算と組織力の範囲でも続けられるよう、プロジェクトが担ってきた業務をスリム化し、必要最小限の活動とそれぞれの業務の委譲先を検討する必要があった。さらに、これまでプロジェクトスタッフの中に蓄積されてきた感のある参加型森林管理の経験とノウハウが、プロジェクト終了後に散逸してしまわないように、森林公社への技術移転を図っていく必要もあった。

そこで延長フェーズのチーフアドバイザーに就任した小川は、これまでの活動ペースやマネジメントの方法を修正することにした。まず、スタッフマネジメントについては、成果重視の業績管理を改め、住民との合意形成のあり方など、活動のプロセスを重視するようにした。ワブブの組織強化に力を注ぐため、フィールドスクールの実施数は大幅に減らし、現場の負担を軽減した。そして、可能な限りすべてのプロセスに、森林公社ジンマ支所や郡営林署の森林官の関与を促すようにしていった。

もともと森林行政官は、プロジェクトの専従スタッフとは異なり、行政機構の中の通常業務も抱えている。そうでなくても、これまでプロジェクトに非協力的だった森林官たちと一緒にやっていこうとするのは、時間と忍耐が必要だった。以前ならそんな時間的余裕は持てなかったが、延長フェーズには前フェーズからの貯金があった。それがあって初めて、多少の時間をかけても一緒にやっていくことを重視するという贅沢が許されるようになったのだ。

また、プロジェクト運営にかかる意志決定については、それまでの日本人専門家の主導で決め、スタッフに指示を伝えるというスタイルを改め、森林公社の行政官ら関係者とのコンセンサスで決めていく方法にシフトしていった。そして、徐々に森林公社に主導権を渡していくことにした。

小川は、プロジェクト・マネージャーのムハマドとも相談のうえ、森林公社ジンマ支所内に、4人の森林行政官からなる「参加型森林管理チーム」をつくらせた。それまでは不定期にしか行われていなかったプロジェクトと

森林公社の協議や意見交換の場を定期的に設けることによって、公社のプロジェクトへの関与を強化する狙いだった。

実際に定例会議を始めてみると、プロジェクトに無関心だと思われていた森林官も、予想外に熱心に参加し、これまでの活動にキャッチアップしていこうという意欲が伝わってきた。現場に近い森林公社のシニアスタッフが参加するようになると、日本人専門家とは異なる視点や現場経験に基づいた問題点が指摘されたり、現地の状況に適したアイデアや対策が提案されることもあった。

こうして森林官らと話し合った結果、延長フェーズでは、設立済みのワブブの機能強化と森林復旧活動の実践を急ぐため、森林行動計画の素案の中から始められる活動を順次、実行に移していくことにした。行動計画試行の初年度には、コミュニティ苗畑の造成と苗木生産、補助植林活動が進められ、森林公社とワブブによる合同モニタリングも行われた。

森林復旧のための活動は、森林経営の本来業務でもあるため、森林公社のオーナーシップが高かった。そのため、必要な種子や農具などの資材購入は森林公社ジンマ支所が負担し、ワブブへの配布も率先してやってくれた。ジンマ支所だけでなく、郡営林署の森林官が現場活動に関わる機会もしだいに増えていった。

森林行政官と住民が共同で森林のモニタリングをする
写真：吉倉利英

ファーマーフィールドスクールのその後

ファーマーフィールドスクールのその後についても、少し振り返っておきたい。

フィールドスクールを始めた最初の年は、53グループを対象とし、農民の生計向上とエンパワメントという点で、大きな成果があがっていた。その後、ワブブの設立数が増えるに従い、フィールドスクールも広域展開していく必要がでてきたため、翌年には倍以上の134グループが研修を始めた。しかし、参加者の学習プロセスを手助けする進行役のファシリテーターの数と質が不十分なまま、開校数だけ増やしていくというやり方は、対象地域の広さやアクセスの難しさを考慮しても無理があった。現場の業務量がピークを迎える3年目になると、セッションの質の低下が顕著になってきた。

この年は、一時期中断していた森林行動計画の作成が再開され、また、コーヒープログラムが暗礁に乗り上げた時期とも重なり、プロジェクトスタッフの業務負担が大きかったことから、フィールドスクールの巡回指導に手が回らなくなっていた。すると、活動報告をごまかして現場にいかなくなる普及員もいて、農民の出席率も大きく低下し、農民ファシリテーターを養成することができなかった。

開校数が増えれば、研修の質が犠牲にならざるを得ないことは、プロジェクトチームも予測していた。しかし、すべての集落でワブブを設立すると決めた以上、同時にフィールドスクールによる農業技術指導も全集落でやっていくことが住民との約束だった。

しかし、延長期にはいると、より多くの時間をワブブ機能強化のために割かなければならなくなった。そのため、フィールドスクールの実施は新たにワブブ組織化をはじめた集落に絞り込み、開校数を大幅に減らした。数を減らすことで研修の質の改善も図ろうとしたのだが、プロジェクト後半に設立されたワブブはより奥地で道の悪い地域にあり、数が減っても普及員の負担がそれほど軽くなったわけではなかった。

5年目の最後のシーズンでは、新しくワブブを設立した集落と、これまで

一度もフィールドスクールをできなかった集落を優先的に選んで支援することにした。このシーズンでは、普及員と農民ファシリテーターを2人一組のペアにして、一緒にスクールを運営させるという新しい試みをやってみた。プロジェクトチームによる巡回指導も強化したことで、懸案となっていた研修の品質低下が改善された。

ファーマーフィールドスクールの成果を総括すると、普及フェーズ以降の5シーズンで、合計351グループで研修を行い、8,000人以上の農民が卒業し、その中から、276人の農民ファシリテーターが育成された。彼らは、フィールドスクールの運営だけでなく、森林行動計画の活動の一部であるコミュニティ苗畑や植林事業の普及でも活躍した。毎週のセッションが1年間続くフィールドスクールの活動は、普及員にとっても大きな負担であったことには違いがないが、農民ファシリテーターの活躍なしでは住民組織の強化やプロジェクトが展開したさまざま普及活動を実現することはできなかっただろう。

卒業証書を授与され誇らしげなフィールドスクール参加者たち
写真：西村勉

ファーマーフィールドスクール（FFS）はベレテ・ゲラの三つのコンポーネントの中で唯一、森林公社内にプロジェクト終了後の受け皿になりそうな部局がない活動でもあった。というのも縦割り行政の仕組み上、農地に区分された土地での普及活動は、農業事務所の管轄であり、森林公社の責

任の範囲ではなかったからである。

　そこで、プロジェクトチームは早い段階から、農業事務所の普及システムにFFS手法を取り入れてもらうべく働きかけを始めていた。

　ちょうどその頃、JICAの支援で同じオロミア州で始まった種子振興プロジェクトが、農家への種子生産技術の普及にこの手法を導入することを検討していた。そこで、ベレテ・ゲラのプロジェクトチームの呼びかけで、2010年末に二つのプロジェクト関係者が合同で、再びケニアのフィールドスクールの視察旅行に出かけた。これによりオロミア州農業局の上層部の間でもFFS手法の認知度が高まった。その結果、翌年から種子プロジェクトでもFFS手法が採用されたほか、2012年に始まったオロミア州半乾燥地域のファームフォレストリーでも採用されるなど、システムの普及が進められている。

第6章

オロミアの森の赤いダイヤモンド

写真:西村勉

14. ベレテ・ゲラをブランド化する
コーヒーが売れない

　延長フェーズに入って間もなく、フォレストコーヒー認証プログラムの新担当として高橋康夫がベレテ・ゲラに着任してきた。高橋は当時32歳。青年海外協力隊員として南部アフリカのマラウイで国立公園の生態系調査に携わり、国内では小笠原諸島の世界遺産登録に向けた自然再生に関わるなど、高橋も自然環境保全をライフワークにしてきた。ベレテ・ゲラでは、コーヒープログラムによって、森を守るという住民のモチベーションをいかにして高められるか、ということに強い関心を持っていた。

　しかし高橋にはコーヒーの品質管理やマーケティングの経験がなかったため、その面を補完し、高橋と二人三脚でプログラムを動かしていたのが、森林公社ジンマ支所のコーヒー品質管理責任者、ソロモン・ベケレだった。

　ソロモンは、2010年に森林公社がコーヒー輸出業のライセンスを取得する際にジンマ支所に雇用され、カップテイスターの資格も持っていた。コーヒープログラムでのソロモンの仕事は、レインフォレスト・アライアンス（RA）認証維持のために必要なグループ内部監査システムの研修講師を務めたり、農家に直接、品質管理指導を行ったりするほか、ジンマの集荷場で生豆の一次選別・加工と、アジスアベバに向けた出荷管理などを行うことだった。無口で職人気質のソロモンは、コーヒーの味と品質に関しては妥協を許さない強いこだわりがあり、このポジションには適任の男だった。

　コーヒープログラムは、これまでにも多くの障害を乗り越えてきたが、その後もすべてが順調に進むようになったわけではない。延長フェーズになって、高橋やソロモンをはじめ、プロジェクト関係者を悩ませていたのが、コーヒーの品質問題だった。すでに述べたとおり、RA認証付きで最初に輸出が可能になった2009年産のコーヒー豆については、兼松株式会社が、当時の標準的なコモディティ・コーヒーの2倍近い価格で、2コンテナ分35トンの生豆を買い取った。しかし、その翌年は、1コンテナ分しか買ってい

ない。兼松がこの年の生豆を全量買わなかった理由は、前年産のものが価格に見合った品質をともなっていなかったために、UCC以外の大口の買い手がつかず、在庫を抱えてしまったことにある。そのためプロジェクトチームは、残った1コンテナ分の販売先の確保に苦労し、ようやく米国のラ・コロンブ社との売買契約が成立した。

この時の苦い経験は、それまでRA認証さえあれば、高値で売れて当然だと考えていたプロジェクト関係者に、実際には、品質がともなわなければプレミアム価格での輸出はできないということを改めて認識させた。

RA認証が保証するのは、環境や社会に配慮した生産様式であり、品質でも買取り価格でもない。認証は輸出に際して、一つのアドバンテージには違いないが、それだけでは付加価値としては弱かったのだ。

何が「公平」なのか

プロジェクト関係者でさえ、RA認証の性質について勘違いしていたのだから、グローバル市場の複雑な仕組みなど知らない農民が、認証を受けたことで、彼らのコーヒーが、世界で通用する品質だと認められたのだと思い込んでしまったとしても無理はなかった。

実際には、個々の農家が協同組合に持ち込むコーヒーチェリーの品質はバラバラで、未成熟豆やさまざまな原因による欠点豆が多く含まれていた。これまで、ベレテ・ゲラの農家の間には、品質によってチェリーを選別するという習慣がなく、地元の集荷所にやってくる仲買人の言い値で一律に売却されていた。農家は価格交渉をするという考えも、それをできるだけの情報も持っていなかった。

かといって、これまでプロジェクトが品質対策をしてこなかったわけではない。RA認証を受ける前から、バガレシュ社と契約を結び、生産者に技術指導を行っていた。コーヒー収穫最盛期の12月から1月には、農家の代表を、バガレシュ社が臨時に雇用し、同社のジンマ加工所でチェリーの選別

第6章 オロミアの森の赤いダイヤモンド

と加工の実践訓練を受けてもらうということもやっていた。

ソロモンが森林公社に入ってからは、彼が中心となって組合役員に指導をして回り、一定の品質基準に達しないチェリーは買い取らないと説明していた。ところが、実際に買い付けが始まると、相変わらず欠点豆や枯葉などの異物が混入したチェリーが袋詰めされ、組合の倉庫に運び込まれてきた。プロジェクトの指導が、組合員全員には伝わっていなかったらしい。

しかし、グループ全体の認証を維持するためには、ルールを守らない農家には出荷を諦めてもらうしかなかったのだが、チェリーの買取りを断られた農家は感情的になってしまい、激しい口論になる局面もあった。プレミアム価格が支払われるようになって以来、農家の方も必死だ。同じ森で収穫したチェリーなのに、自分の分だけ買い取ってもらえないのは、不公平だというのだ。

私たちは普通、良い製品をつくった生産者には、その努力に見合った対価が支払われるのが、「公平」だと考えている。しかし、ベレテ・ゲラの農家にとっては、同じ森で採れたコーヒーチェリーは、同じ価格で買い

組合に持ち込まれたチェリーの
品質を確認するソロモン
写真：高橋康夫

取られるのが「公平」なことだった。

　コーヒーの生産国はほとんどが開発途上国に位置しているが、その大半の生産地では、コーヒーは大規模なプランテーションで栽培され、90％以上が輸出に回されている。一方、コーヒー原産国のエチオピアでは、95％のコーヒー豆が小規模の農家によって生産され、その約半分が国内で消費されている。初めから輸出作物としてコーヒーが移植されたほかの生産国とは、コーヒー産業の構造が異なっているのだ。

　コーヒーは、ブラジルなどの大生産国における生産量や先物取引に左右される国際商品であり、国内の生産とは無関係に価格が決められる。生産者にとってリスクが大きい商品だが、幸いエチオピアの小規模生産者は、国際相場にあまり左右されず、安値だが比較的安定した国内市場でコーヒーを売ることができていた。国際価格が下落傾向にある時には、輸出用のコモディティ・コーヒーよりランクが低い国内消費用のコーヒーの価格が逆転することもある。

　森林住民にとって、フォレストコーヒーは手間をかけずに収穫できる、リスクの低い現金収入源だった。そこにプロジェクトがコーヒープログラムを導入したことによって、コーヒーの経済価値が見直されたということは、昔ながらの生計を営んできた山村農家を、グローバル経済の中に巻き込んでいくということを意味していた。農家は「生産者努力」、「品質」、「差別化」、「競争」という、これまで無縁だった国際市場のルールに対応していくことが求められるようになったのだ。

ガーデンコーヒーとフォレストコーヒー

　コーヒーの品質改善とマーケティングの問題については、高橋とソロモン、そしてチーフアドバイザーの小川慎司を中心に、話し合いが続けられていた。天然のコーヒーには、1年ごとに豊作と凶作を繰り返す、「隔年

結果」という性質があり、次の年には、豊作が予想されていた。収穫量が増えれば、販売先の確保がさらに困難になる。品質改善とマーケティングの強化はいよいよ避けて通れない課題になりつつあった。

しかし、小川は、この期に及んでコーヒープログラムで新たな取組みを始めることには反対だった。その理由の一つは、プロジェクトが置かれた状況と残された時間である。すでに延長フェーズも半ばを過ぎており、JICAとの協議の内容からも、これ以上の期間延長は見込めそうもなかった。小川としては、残された時間を、ワブブの機能強化と森林行動計画の実践、そして森林公社への業務委譲に、これまで以上に集中して取り組みたいと考えていた。

二つ目の理由は、フォレストコーヒーの特性である。林学が専門の小川にしてみれば、「農産物」であるガーデンコーヒーと、「林産物」のフォレストコーヒーは、別物といってもよかった。森林に自生するコーヒーは、改良品種に比べて、生産量も品質も劣っているのが当たり前で、人の手が加えられていないこと自体に価値がある。そんなコーヒーの品質をどうすれば改善ができるのか、見当がつかなかった。

しかし、コーヒー担当の高橋にしてみれば、チーフが反対しているからといって、簡単には諦められない。多くの人の努力によってここまで続けてこられたプログラムを、品質がネックとなって買い手がつかなくなるのを黙って見ているわけにはいかなかった。

――せめて、日本の販売会社の専門家に、現場を見に来てもらえないだろうか。コーヒープログラムの理念を理解してもらったうえで、フォレストコーヒーの持つメッセージを、日本の消費者に伝えてもらいたい。

そんな思いを実現してくれる人物に、高橋は間もなく出会うことになる。

UCCとのパートナーシップ

創業80年、神戸に本社を置くUCC上島珈琲株式会社は、海外の直

営農園の経営から、原料調達・輸入、研究開発、製造販売、さらには文化の創出に至るまで、一連のコーヒー事業を展開している。環境に配慮した製品への取組みとしては、早くから有機栽培コーヒーの取扱いを始め、レインフォレスト・アライアンスの認証コーヒー取扱い量では日本でトップを走っていた。そのUCCの輸入代行を行っている総合商社、兼松株式会社のコーヒーチームは、UCCのサステナブル・コーヒー戦略に合った生豆を買い付けるため、日頃から世界各国の産地を飛び回り、新商品の発掘に努めていた。2007年に、ベレテ・ゲラのフォレストコーヒーがRA認証を取得した時、いち早く西村勉にコンタクトしてきたのもそのためだった。

UCC東京本社マーケティング本部の中嶋弘光は、その頃からRA認証を受けたエチオピア産モカの商品化の可能性について相談を受けていた。当時、UCCが扱うRA認証商品は中南米産のものしかなく、新商品開発担当の中嶋は、認証コーヒーのラインアップを拡充したいと考えていたところだった。

アフリカ産でRA認証を受けたコーヒー自体が珍しい中で、モカは日本で人気のブランドで、特にエチオピア産には根強いファンがいる。それが、フォレストコーヒーとなると、エチオピアの全生産量の中でも1割程度しかなく、海外に出荷される量は限られている。さらには天日乾燥式という、完全にナチュラルな方法で加工・精製されているのだ。

中嶋自身、これまであらゆる国と地域で産出されたコーヒーを商品化してきたが、森林内に自生しているコーヒーというのはほとんど聞いたことがなかった。コーヒーの起源であるエチオピアの森で育ったワイルド・モカが持つストーリー性と、豆の希少性を考えれば、ユニークな商品ができそうだった。

中嶋はすぐにでも商品化を進めたかったが、その翌年から立て続けに発生した、残留農薬問題や、エチオピア農産物取引所の設立にともなう認証コーヒー輸出の障壁などにぶつかり、兼松ともども2年近く待たされることになった。

モカらしくないモカ

 2009年11月、RA認証コーヒーの売買契約が、兼松株式会社とオロミア森林公社の間でようやく成立すると、最初のサンプル豆がUCCに送られてきた。中嶋は、それを神戸にあるUCCコーヒーアカデミーの講師で、カップ評価資格を持つ中平尚己に送り、品質鑑定をしてもらった。新商品の開発にあたって、どの国のどんな原料を輸入するか判断するのは中嶋の仕事だったが、豆の品質やマーケティングのコンセプトなどについては、中平に助言を求めることが多かった。

 中平は、中嶋の後輩でもあり、入社当初は同じ営業部で仕事をしていた時期があった。やがて、中平の方がコーヒーの持つ付加価値や生活を豊かにするコンセプトを売るような戦略的な営業の仕事が増えてくると、遠い生産国や生産者とのつながりを意識するようになっていったという。

 勉強を重ねた結果、中平は社内で初となるコーヒー・アドバイザー資格試験に合格した。これが転機となり、国内外のあらゆるコーヒー関連資格を次々に取得し、社内シンクタンク的な存在になっていった。2007年にUCCコーヒーアカデミーが設立されると、社内外のセミナーで講演したり、国際的なコーヒー品評会にも審査員として招かれることが多くなった。

 UCCは、海外にも直営農園を保有していることから、改良品種の導入や営農管理を指導する農学系の専門社員は多い。しかし、農学とは無縁の社会学部出身の中平は、こうした栽培の専門家とは一線を画し、社内でもユニークな存在だった。

 中平は、送られてきた生豆を、1回目は選別せず、次に、欠点豆を除去したあとでカップ評価をしてみた。「カップ評価」とは、ワインのテイスティングのように、コーヒーの酸味、甘味、苦味、後味（アフターテイスト）やボディ（コクや口当たり）といった味と香りから、品質の良し悪しを総合的に判断することである。

 始めてフォレストコーヒーを試飲した時の中平の感想は、「モカらしくないモ

カだ」ということだった。それは、お世辞にも美味しいといえる代物ではなかった。モカ特有の味の華やかさがなかったし、雑味が多くて品質自体もあまり良いとは思わなかった。ざっと見ても、未熟豆や黒豆が多く混じり、文字どおりワイルド・コーヒーという名前が似つかわしい。その一方で、欠点豆を除いたあとでカッピングした時の味わいには期待が持てそうな気がした。

中平は、感じたままのことをマーケティング部の中嶋に伝えた。中嶋は現状の品質のままで商品化することに多少の迷いもあったが、2008年の残留農薬問題の発生以来、日本に輸入されるエチオピア産モカの総量は激減し、希少性が高い。結局、兼松から1コンテナ分の生豆を買取ることにした。しかし、初のエチオピア産RA認証コーヒーは、一時は話題となったものの、全部を売り切ることができず、UCCでも在庫を残すことになってしまった。

中平尚己とベレテ・ゲラの出会い

2011年の夏、UCC東京本社の中嶋のところにJICAから連絡があった。ベレテ・ゲラの現場でコーヒープログラムを担当している高橋が一時帰国する際に、UCCの専門家にアドバイスを仰ぎたいと希望しているという。中嶋は、迷わず神戸の中平に声をかけることにした。フォレストコーヒーは栽培過程での品質改善ができない。しかし中平なら、農学的手法ではなく、収穫後の加工プロセスでできる改善策を提案できるだろうと考えたのだった。

東京で高橋に会うと、中平は、ベレテ・ゲラのコーヒー林や、農家の収穫作業の様子を写真で見せてもらいながら、森の状態や、生産者の生活環境、生計手段などについて詳しい話を聞いた。中平は、得られた情報をもとに、現在の豆の味を作り出している原因を探った。

——これなら、選別・精製の過程で工夫をすることで、野性味の中から、モカの良さと、地域特有の風味を引き出せるかもしれない。

第6章　オロミアの森の赤いダイヤモンド

　中平は、フォレストコーヒーの生育状況を自分の目で見て、その潜在価値を引き出す方法を考えてみたいという知的欲求も感じ始めていた。
　「短期間でも、現地に行って調査することができたら、何か有効な品質改善案を提供できるかもしれません」
　思いがけない中平の言葉に、高橋は飛びついた。
　「実際にコーヒーの森を見れば、それがわかるんでしょうか？」
　中平が答えて言った。
　「豆を選別しないで試飲した時に感じた雑味と、その後、欠点豆を弾いて飲んだ時の味の違いから、品質を下げている原因を推測することができます。それに、今、話で聞いた生育環境から判断して、即効性のある改善案がいくつか考えられます。しかし、実際に現地を見てからでないと、そのうちどんな方法が農家にとってベストかまではわかりません」
　高橋にとっては、渡りに船だった。中平のコーヒーに関する知見の深さはいうまでもないが、この人物なら、森だけではなく、人々の暮らしにもしっかりと目を向けたうえで、現地の実情に合った方策を考え出してくれるかもしれない。高橋はエチオピアに戻ると、すぐに小川の説得にかかった。この時ばかりは、小川も高橋の熱意に圧倒された。

コーヒーの森へ

　こうしてプロジェクト終了が4カ月後に迫った2011年11月、中平によるフォレストコーヒー品質改善調査が実現した。正味4日という短い調査期間に、関係者との意見交換、コーヒー林の視察と農家へのヒアリング、そして、ジンマでのコーヒー品評会と品質改善セミナーを開催するという予定がぎっしり組まれていた。
　ジンマ到着後、中平は早速、ゲラ森林のアファロ村周辺のコーヒー林の調査に出かけた。中平は、これまでにも海外で品評会などがあるたびに、余分の日程をとり、現地の農園を見て回ることを習慣にしていた。世

界中のプランテーションや小規模の農園を見て来たが、天然林に自生するコーヒーを見るのは、中平にとっても初めてのことだった。

　アファロ村で車を降り、歩いて森に入っていった。すると、車道のすぐそばまでコーヒー林が迫っている様子に驚いた。しかし、それは全体のごく一部で、天然林のずっと奥深くまでコーヒー林が広がっているという。おおよそ人に利用されていないコーヒー林はないらしかった。

　限られた時間しかない中平は、奥地の森まで行くことは叶わなかったが、道路から1時間程歩いただけでも、十分に立派なコーヒー林を見ることができた。苔がびっしりと生えた高木の間にまぎれ、原生種に最も近いアラビカ種のコーヒーが自生している。農園で栽培されるコーヒーは、結実を良くし、収穫がしやすいように、2・3メートルの高さで剪定され、管理されているが、天然のコーヒーの方はひょろ長く伸びきっていた。頭上を見上げて赤い果実を見つけなければ、中平でもコーヒーと気づかないところだった。チェリーは、想像していたよりもいくらか大きく、良く実っていた。森の土の栄養状態も良さそうだ。フォレストコーヒーは、これまで中平が見てきた生産地とはまったく違う環境で生育していたので、個性的な「テロワール」（作物の生育環境を作るその土地の風土）を持つコーヒー豆がつくれるのではないだろうかと、さらに期待が膨らんでいくのを感じていた。

中平にとっても天然のコーヒーを見るのは初めてのことだった
写真：高橋康夫

品質を低下させる原因

　中平がベレテ・ゲラ地区を訪問した11月下旬は、ちょうどコーヒーチェリーの収穫が始まる頃だった。この時期には、森林保護区に住んでいるコーヒー林の所有者だけでなく、季節利用者やその家族に加え、「サラテニア」と呼ばれる出稼ぎ労働者も、各地から仕事を求めて集まってくる。アファロ村も、いつもは44世帯が暮らしているだけだが、それ以外に200世帯近い季節利用者が戻ってきていて、村は大変な賑わいだった。

　コーヒー林の中には、数日間歩かなければ辿り着けないような奥地にあるものもあって、収穫作業は、森の中に建てた仮設の小屋に数カ月も寝泊まりして続けられることもある。家族総出で行われ、女性や子どもたちも一緒に森に入る。中には、森で放牧するために、ヒツジやヤギなどの家畜まで引き連れて行く者もいて、民族大移動のような光景が見られる。

　収穫はすべて手作業で、まずは樹上に実っているチェリーから、完熟、未熟の区別もなく、すべて一緒に摘み取られていた。その後、地上に落ちた実も拾って混ぜられる。収穫したチェリーは、その都度、町まで運ぶことはできないので、森の中に日が差し込む場所を見つけ、直接地面に広げて乾燥させていた。そのため、枯葉や小石などの異物が混入したり、虫食い豆、発酵豆などが発生するなど、この段階から品質低下の原因がみられた。これまでソロモンや農業普及員が、熟した豆だけ収穫するように指導したり、一部にアフリカン・ベッドとよばれる高床式の乾燥棚を導入したりしてきたが、欠点豆の混入は一向に改善されなかった。いくら理屈で説明しても、それがコーヒーの味にどう影響するのか、実感として理解できない農家には、豆を選別する理由がわからなかった。

　中平は、日本でカップ評価をした時に立てた自分の仮説は正しかったと確信していた。品質低下は、収穫とその後の処理のプロセスで起きている。原因がわかれば、改善案を考えるのも比較的に容易だった。あとは

農家が無理なくできる方法を考えることだ。そのためには、直接生産農家と会って話を聞く必要があった。コーヒー林の視察には、六つのコーヒー協同組合の代表にも同行してもらっていた。中平は、農家と一緒に森を回りながら、収穫のタイミングや乾燥の方法について話を聞き、時にどうやったら改善できるか、意見交換をしながら歩いた。その中の一人に、ベレテ地区のサバカ協同組合のアバビア・アバゲロがいた。のちに彼は、コーヒーの品質改善に強いリーダーシップを発揮することになる。

コーヒーの品質は、一つには収穫時の果実の熟度で決まる。本来なら、十分に赤くなった完熟豆だけを摘み取ればよいのだが、コーヒー林の場所や農家の労働力の確保といった事情を考えると、実が熟すのを待って、数回にわけて森に入る方法は現実的ではなかった。中平は、一緒に森を歩くなかで、そうした生産者側の事情を理解した。

生活条件や経済レベルが大きく異なる途上国の農家を相手にするときには、現地の事情、習慣に合わせ、満点でなくても、80点でもいいから農家が長く確実に続けられる解決策を探した。一緒に視察をした高橋は、途上国援助の専門家として、むしろそんな中平の姿勢に学ぶことが多いと感じていた。

視察を終えたあと、中平は、農家に負担をかけずにできる品質改善案を3点に絞って提案した。

まず第一に、森に入るタイミングを工夫すること。複数回に分けて収穫ができないため、歩留まりを減らすために、チェリーの70〜80％が完熟する時期を見定めて収穫を始めること。第二に、チェリーは乾燥するとすべて黒くなってしまうので、収穫直後の新鮮なうちに、良品、中間品、不良品に分けてから乾燥させること。最後に、森での乾燥には高床式のアフリカン・ベッドを使い、チェリーが雨や朝露に濡れないように、夜はブルーシートをかけること。これによって外見では判断できないフェノール臭の防止になる。

品質ごとにチェリーを分けて天日乾燥する　　　　　　　　　　　写真：高橋康夫

スペシャルティ・コーヒーの誕生

　視察が終わると、協同組合の代表者、森林公社、農業事務所、郡政府関係者などをジンマに招いて、コーヒーの品評会と品質改善セミナーが開催された。品評会には、六つのコーヒー協同組合から、比較的品質の良い生豆を選んで持ってきてもらっていた。

　カップ評価は、専門のコーヒー品質鑑定士だけで行うのが普通だが、生産者自身が味の違いを理解することが重要だと考えていた中平は、参加者全員にカップ評価を体験してもらうことにした。エチオピアのコーヒー生産農家は、みずからがコーヒーの消費者でもある。ほかの生産国のコーヒーや消費国の嗜好についての知識はほとんどないが、カップ品質を見分ける基礎能力は持っているだろうと考えられた。

　中平とソロモンは、組合が持ってきた生豆を、まずそのままでカッピングしてみた。エチオピアの伝統的なコーヒーの飲み方は、深煎りした豆をかなり濃く抽出したものに、大量の砂糖や塩を入れて飲む。しかし、この日のようにコーヒーそのものを味わうために、ストレートで飲むということ自体、農家にとっては初めての体験だった。

　カップ評価は、国際的に認知されている米国スペシャルティ・コーヒー協

会が定める評価項目に従い、中平とソロモンが、別々に採点を行った。1回目のテストでは、70〜80点の点数がつけられた。

次に、中平は、欠点豆の種類と、それが味や品質に与える影響について、参加者に丁寧に説明をしながら、目の前で選別して見せた。そうして欠点豆を除いたあとで、もう一度カップ評価を行い、参加者全員にもテイスティングさせた。すると今度は、6組合中三つの組合が持ち込んだコーヒー豆に82〜84点がつけられたのだ。国際基準では、80点以上の豆は「スペシャルティ・コーヒー」のランクに認定される。

全員がみようみまねでカップ評価に参加した　　写真：高橋康夫

この結果は、これまでコーヒープログラムにあまり関心をはらってこなかった森林公社の関係者にも大いに歓迎された。中でも一番喜んでいたのはソロモンだったのかもしれない。これまで幾度も組合に足を運び、粘り強く指導をしてきた。しかし、それがなかなか農家に伝わらず、頑固で融通がきかない男だと思われていた。カップ品質については、プロジェクト関係者の中にも同じレベルの見識を持つ者もいなかったため、ソロモンは孤独な戦いを強いられてきた。ようやく中平という理解者を得て、しかも、それが80点越えという数字として示されたことで、自分がやってきたことは間違っていなかったのだと報われる思いだった。

また、参加者全員が見守る中で採点を行ったことで、協同組合メンバー

の品質に対する考え方にも変化が現れ、良い意味での競争意識が芽生え始めたようだった。ソロモンが点数を発表するたびに、会場が盛り上がり、歓声や落胆の声が沸きあがった。

サバカ協同組合代表のアバビアが言った。

「これまで、コーヒーの品質というのは、品種と産地で決まってしまうと思っていた。ハラールのコーヒーが高く売れるのは、あの地域の気候と土、それに品種のせいだと。だが、選別と乾燥を工夫することで、わしらにも良いコーヒーが作れるというのがわかった。

わしら農民も、コーヒーを毎日飲むが、欠点豆というものを意識して飲んだことはない。今日は、みようみまねでカップテストというのをやってみた。最初はよくわからなかったが、山から収穫したままのコーヒーと、豆を選んだあとでは、味が違うということが、少しはわかった気がする。酸っぱい味がしたり、泥臭かったり、カビ臭いという意味がようやくわかった」

しかし、残念ながら、アバビアが委員長を務めるサバカ協同組合のコーヒー豆は、この日、80点を超えることができなかった。

「来年は必ずもっと良いコーヒーを作って持ってくる」

アバビアはリベンジを誓い、中平に教えてもらった選別方法を、組合員全員に伝えるのだと張り切って帰って行った。

オロミアの森の赤いダイヤモンド

三つの組合からスペシャルティ・コーヒーが生まれたことは、中平にとっても驚きだった。厳密に欠点豆を除去していけば、一つくらいは80点を超える豆が出るかもしれないとは予想していたが、それ以上の結果が得られたのだ。

フォレストコーヒーは、これまで潜在価値の高さを見過ごされてきたが、適切な精製をすることで、スペシャルティ・グレードの製品をつくり、レインフォレスト・アライアンスの認証に頼らなくても、高い付加価値をつけて輸出でき

る可能性がでてきた。中平は、これをダイヤの原石にたとえ、『オロミアの森に眠る赤いダイヤモンド』と呼んだ。

　中平は、プロジェクトチームと森林公社に改めて新たなコーヒー販売戦略を提案した。それは、生豆を厳格に選別して、高級品、中間品、一般品に分け、それぞれを、スペシャルティ市場、一般輸出市場（コモディティ）、国内市場という異なるマーケットに出荷するというものである。

　スペシャルティ・コーヒーの強みは、コモディティ・コーヒーのように国際相場に価格が左右されないことだ。生産者が継続的に、高品質のコーヒーを作り続けることができる価格決定メカニズムになっている。

　フォレストコーヒーの希少性と、天日乾燥のプロセスによって生まれるその土地特有のテロワール活かし、高品質のコーヒーをつくり輸出する。その際に効果的なプロモーションを打ち、世界のバイヤーの注目をベレテ・ゲラ地区に向けさせることができれば、産地のブランド化が可能になる。

　全生産量に占めるスペシャルティ・コーヒーの割合は僅かでも、地域のブランド化によって全体の底上げにもつながる。ベレテ・ゲラ産コーヒーの需要自体が高まれば、生産者のモチベーションも上がり、「森を守ることが、農家の生活の向上につながる」というビジネスモデルが完成できるかもしれない。中平は、それができれば、エチオピア国内で同じ条件を持つ地域にも、同じビジネスモデルを広げていけるだろうと考えた。

15. そして、すべての集落でワブブ設立完了！

　予想していなかったコーヒープログラムの新たな展開は、プロジェクトの最終目標の達成に向けて、プロジェクトチームを勢いづけた。

　延長フェーズに入った時点で、ワブブの設立は124集落中96集落で完了し、さらに24集落で組織化支援が始まっていたのだが、ゲラ郡の西端にある四つの集落だけが、最後までプロジェクトへの協力を拒んでいた。

　それが、認証付きフォレストコーヒーの輸出が実現し、生産者にプレミア

ムが支払われると、4集落の代表の方からプロジェクト事務所を訪ねてきて、森林境界の確定に立ち会ってほしいと言ってきたのだった。自分たちの村でもワブブを設立し、コーヒープログラムに参加したいというのが理由だった。

　こうして、延長フェーズ終盤になって、ついにすべての集落でワブブを立ち上げ、森林管理活動を始める準備が整った。あとは、仮契約のままになっている森林管理の本契約を結ぶだけだ。そのために残っていた最後のハードルが、これまでに作成された森林境界図の精度が低く、各ワブブが管理すべき森林の面積を、正確に把握できていないことだった。

　この状況を改善するために、高橋が中心となり、GISを利用した地形図の重ね合わせと、境界立ち合い時に書かれた記録の再確認、これに関わった森林官やワブブ委員への聞き取りを行った。集められた情報をつなぎ合わせ、地図上で境界線を修正していった。このような緻密で集中力が要求される仕事は、高橋の得意とするところだった。プロジェクト終盤で、現場も忙しい中、作業は数週間、夜を徹して続けられた。この骨の折れる作業により、森林境界図の精度が格段に向上し、これまであったワブブとワブブの間の「隙間」がなくなり、森林保護区全体の面積が大幅に修正された。これで森林管理契約の締結に必要な書類がすべてそろったことになる。

　そして、8年半に及んだプロジェクトの最終月である2012年3月、ついに124集落の代表がジンマに集まり、森林公社との森林管理本契約の調印式が行われた。このイベントをもってベレテ・ゲラ森林保護区の全域で行政と住民が協働で参加型森林管理体制を築くという目標が達成され、プロジェクト活動に終止符が打たれた。

エピローグ

森は守られるのか？

フォレストコーヒーは森を守れるのか?

 2012年9月、東京ビックサイトには、多くのコーヒー業界関係者やコーヒーファンたちが集まっていた。

 プロジェクトが終わって半年が過ぎたこの日、日本スペシャルティ・コーヒー協会が主催するバリスタ・チャンピオンシップ大会に、UCCコーヒーアカデミーの村田さおりがベレテ・ゲラ産の最高級豆を持って出場した。

 「コーヒーは自分で語ることができません。私たちバリスタは、そんなコーヒーの魅力を伝えることで、遠いアフリカの農家の人々と、コーヒーを愛する日本の皆さんをつなぐ架け橋になれたらと思っています。それがエチオピアの森を守り、世界の環境を守ることにもつながると信じています。」

 村田が熱を込めて語るコーヒー物語に、会場の中には思わず涙ぐむ人もいた。エチオピアがどこにあるのか、どんな国なのか、そこの零細農家が日々どんな暮らしをしているのか、会場にいたほとんどの日本人は知らなかっただろう。

 村田はエスプレッソ部門で5位に入賞した。彼女が創ったシグニチャードリンク(エスプレッソを使った創作ドリンク)には、ベレテ・ゲラの昔ながらの方法でつくられた蜂蜜が使われていた。エチオピアの深い森の中で、貧しい農家の庭先で天日干しにされ、ほかの品質の悪い豆と混ぜられ、地元の市場で安く売られていたフォレストコーヒーが、一人のバリスタを通じて日本の消費者に語りかけた瞬間だった。

 しかし、「コーヒーがあるから森が守られる」という単純なシナリオは存在しないし、正確な表現でもない。認証コーヒーがエチオピアの天然林全体の保全に与える影響は、まだ微々たるものだし、もっと長期にわたる継続的な観察と専門的な研究による検証が必要だ。

 たしかにフォレストコーヒーが生育する森は、そうでない森に比べて森林減少の速度が遅いという研究報告がある。しかし、その同じ研究者が、

人為的介入によって森林密度や樹種の多様性といった森林の質の劣化は避けられないとも警告している。また人類学者による別の研究では、フォレストコーヒーが豊作で農家が余剰の現金収入を得られた年には、そのお金で労働者を雇い、コーヒーの結実を良くするためにいつもよりも大規模な下草刈りや枝打ちを行っていたという報告もある。このような人為的介入が続けば、やがてコーヒーの森は限られた樹種だけを残し、コーヒーの単一林に遷移してしまう可能性も捨てきれない。また、自然萌芽した幼木の中から優勢な個体だけが選別され残されるようになると、在来コーヒー種の遺伝的多様性（生物多様性を構成する要素の一つで、ある種の中での遺伝子の多様性）が失われてしまう懸念も指摘されている。

さしあたって最もリスクが高いシナリオは、目先の利益に動かされた農民が森林を伐採して生産性の高い集約的なガーデンコーヒー栽培に移行してしまうことだ。

レインフォレスト・アライアンスの認証を維持するためには、毎年の年次監査に合格し続ける必要があり、環境や社会配慮の基準が満たされているか、違法な伐採や天然林からコーヒー林への転用がないかについて厳しく調べられる。もし認証が取り消され、プレミアム価格が支払われなくなってしまうと、ガーデンコーヒーに移行しようとする行動に拍車がかかり、逆に森林破壊の方向に転じてしまうかもしれない。

このようにコーヒープログラムが天然林の保全に負の影響を及ぼすことなく、「木を切らないほうが生活が良くなる」という初めに描いたシナリオを完成し、定着させるために、JICAは2014年に新たな協力を始めた。ワブブによる森林管理とフォレストコーヒーの認証制度が互いに補完しながら自立して機能していくように、コーヒープログラムを改善・強化し、エチオピアのほかのコーヒーの森にも広めていく計画だ。

森林管理には資金が必要だし、住民の協力も不可欠だ。認証制度の理念について住民の理解を深めると同時に、バリューチェーンを維持する

ために、生産者レベルでの品質改善と森林公社のマーケティング能力を強化する協力が始まっている。

「コーヒーが森を守る」という仕組みづくりの挑戦は、まだ続いているのだ。

ベレテ・ゲラ再訪

プロジェクトが終わって1年が過ぎた2013年4月、筆者は追跡調査のために再びジンマを訪れた。元プロジェクト・マネージャーのムハマド・セイドをはじめ、郡の森林官、コーヒー協同組合のメンバー、かつてのプロジェクト関係者たちを訪ねて歩いた。

——森林公社は、その後もワブブの支援を続けているのだろうか。

——村人たちは、森の境界をちゃんと守り、協同組合は、コーヒーの品質改善に取り組んでいるのだろうか。

確かめたいことはたくさんあった。私はジンマのムハマドの家を訪ねた。休暇中だったにもかかわらず、彼は快く面談に応じてくれた。

「延長フェーズの間、プロジェクトは森林公社のスタッフに、ワブブのノウハウを引き継いでいこうと必死になって働きかけていた。しかし、残念ながら時間が短かすぎた。

ワブブの有効性が認められなかったわけじゃない。認めていたからこそ、最後には郡の森林官も協力するようになり、皆で頑張って、すべての村で森林管理契約を結ぶことができたんだ。だが、予算となると別だ。公社はプランテーション経営のような収益部門にしか予算や人を配分できなかった。天然林の保全は、外国の援助機関まかせさ。それで、プロジェクトが終わると、森林官はワブブの森を巡回する手段もなくなってしまった。結局、フォレストガードによる監視活動に逆戻りしてしまったわけだ」

ムハマドはベレテ・ゲラ・プロジェクトが終わったあと、EUが出資する参加型森林管理のスケールアップ事業で、ジンマ県担当のコーディネーター

を任されていた。しかし、ムハマドはEUのプロジェクト手法をあまり好きになれなかったらしい。

「EUのプロジェクトでは、ヨーロッパ人の専門家が現場に来ることはほとんどない。日本人のように一緒に汗を流して働くこともないし、短期間でやってきては、あれこれ指導して帰っていくだけだ。お互いの経験に学びあう機会もあまりない。資金援助と研修以外はほとんどエチオピア人まかせさ。

いろいろあったが、また、日本人と一緒に仕事をしたい。私はベレテ・ゲラ・プロジェクトが戻ってくるのを待っているんだ」

ベレテ・ゲラが残したもの

——やはり、懸念していたように、プロジェクトの終わりとともにワブブは、活動を停止してしまったのだろうか。

それを確かめるために、私はアファロ村とサバカ・ダビエ村のコーヒー協同組合を訪ねた。二つの組合は明暗がはっきりと分かれていた。

アファロ協同組合は、2009年の結成以来、一度も組合員総会が開かれないまま、すでに崩壊寸前だった。理由はいろいろあったようだが、アファロはリーダーとなる人材に恵まれなかった。また、組合設立を急いでいたプロジェクトチームが、コーヒーチェリーの集荷時の都合を優先し、住民同士のつながりが薄い四つの散村を一つの組合にまとめてしまったことも原因の一つだった。

これとは対照的に、アババア・アバゲロが委員長を務めるサバカ協同組合は、六つの組合の中で一番の成功を収めていた。UCCの中平尚己が、2011年に初めてコーヒーの品評会を開いた時、サバカ組合のコーヒー豆は、スペシャルティ・コーヒーの基準となる80点を超えることができなかった。それがよほど悔しかったのか、中平に教えられたチェリーの選別加工法をメンバーに伝え、組合一丸となって品質改善に取り組んできた。そして、翌年に開かれた2回目の品評会では、六つの組合中、最高点となる

88点を獲得したのだ。アバビアの強いリーダーシップの賜物だった。
　アバビアは、今後の抱負について語ってくれた。
　「最初の品評会以来、わしらは初めて品質というものを気にするようになったんだ。それなら最高のものをつくってやろうと頑張ってきた。
　メンバーでお金を出し合って設備投資もした。これからもっと組合員を増やして、生産量も増やし、森林公社以外の取引先も探したいと思っている」
　サバカ組合の成功は、プロジェクトが残した一筋の光明かもしれない。
　「森林公社はあてにできない。それより、直接住民を支援することで、その中から一つでも自立して活動できる住民組織が育ってくれば、そこから森が守られていくかもしれない」
　そう語っていた萩原雄行の戦略は、あるいは正しかったのかもしれない。
　少なくとも種は撒かれ、どこかで何かが育っている。

　開発プロジェクトの成否は、一朝一夕には判断することはできない。10年、20年、あるいはもっと先になってみなければ、わからないことが多い。成果が現れるのに時間がかかる環境保全プロジェクトとなるとなおさらだ。ベレテ・ゲラ・プロジェクトは、8年半の歴史の中で、幾度となく方針を換えてきた。何が正しかったのか、早計に判断することはできないし、そうすることにあまり意味はないだろう。
　一つ言えることは、ほかの開発プロジェクトとは違い、森林を守っていくという事業は、負けるとわかっている戦いに挑んでいくようなものだということだ。人間が近代的で豊かな生活をしたいという欲望を持ち続ける限り、森はいずれ失われていく。誰にも、そうした途上国の人々の希望を否定する権利はない。せめてプロジェクトによって、その速度を多少なりとも遅らせることができたとしても、完全に阻止することまではできない。
　ベレテ・ゲラにも着実に近代化の波が押し寄せている。森の中に道路が一本開通しただけでも、そこから急速に森が浸食されていく。企業によ

る大規模なコーヒープランテーションの開発も進んでいる。さらに、皮肉なことには、ワブブを組織し森林管理契約を結んだことで、森林内の居住権が保障されるようになると、一度ベレテ・ゲラを離れていった住民が戻ってきているとの報告もある。人口増加は、森林資源にとって最大の脅威になる。

　ベレテ・ゲラの森も、早晩失われていくのかもしれない。しかし、それはプロジェクトの失敗を意味するのではない。目に見えるものや、数値で測れるものだけが、プロジェクトの成果ではないだろう。

　プロジェクトが頓挫しそうな困難に幾度も直面しながら、諦めることなく村から村へ、途方に暮れるような広大な森を廻り歩き、農家の暮らしを守り、森を守るために、地道な活動を続けた。あるいは愚直なほど、現場のプロセスを大切にした。そうして一緒にやることで得られた経験と知見は、関わってきた百数十人の普及員、森林官、プロジェクトスタッフ、そして日本人専門家やボランティアの中に生きている。

　「ニシムラは厳しかった。でも自分は、ベレテ・ゲラに育ててもらった。そのプロジェクトが終わることは、学校を卒業するような感じで、少し寂しい」

　筆者が初めてベレテ・ゲラを訪れた時に、コーディネーターの一人のキダネ・ビズネが語った言葉が印象に残っている。キダネは優秀なファーマーフィールドスクールのマスタートレーナーへと成長し、オロミア州の別の自然資源管理プロジェクトで活躍している。

あとがき

　私がベレテ・ゲラに出会ったのは、長きにわたったプロジェクトもあと3カ月で終了するという2012年1月のことだった。JICA本部の地球環境部の委託で、アフリカ地域の住民参加型自然資源管理事業のプロジェクト研究調査を実施することになった。私の仕事は、ケニアとエチオピアのプロジェクトで採用されたファーマーフィールドスクール（FFS）手法の比較分析だった。その時、はじめて訪問するエチオピアのプロジェクトにもかかわらず、私はすでに親近感と何か不思議な縁を感じていた。

　1999年から2004年まで、私は国連食糧農業機関（FAO）に勤務していたことがある。その時、ケビン・ギャラガー氏と出会い、同じアジアの食料安全保障事業を担当した。ケビンはFAOでFFSを開発した中心人物だ。

　「その土地の農業のことは、農民が一番良く知っている。農民こそがエキスパートだ」

　そういって、農民が持つ潜在力を引き出す方法として、FFSが考え出された経緯について、よく話を聞かされていた。そして2003年に萩原雄行氏がFAOに入ってきた時に、JICAがケニアとエチオピアで支援している森林プロジェクトに、「FFSの導入を検討しているらしい」と言って紹介してくれたのもケビンだった。

　その後、私がFAOを退職したことから、萩原氏との音信はしばらく途絶えていたが、JICAから調査を依頼された時に、私はすぐに萩原氏を思い出し連絡をとってみた。すると、確かにどちらも彼が関わったプロジェクトだという。そこで現地調査に出発する前に、スカイプで2時間にわたり萩

原氏から詳しい話を聞くことができた。こうして調査は順調に始まったのだが、その後、予定にはなかった方向に展開していくことになる。

　JICA本部が主導するこの調査を、当初、現場の関係者はあまり歓迎してはいなかった。ベレテ・ゲラはすでに多くの事例研究や広報資料でも取り上げられていたが、どれも成功面ばかりが強調され、現場の実情(リアリティ)が正確に伝えられていないことに、専門家は違和感を覚えていたのだ。「これまでと同じような報告書ならいらない」のだという。
　実際には試行錯誤の連続で、いまだに多くの課題に悩まされていた。たくさんの困難に遭遇する一方で、協力者にも恵まれ、複雑な軌跡をたどったプロジェクトの実像を、もっと現場に近い視点から記録し、外部の人間に伝えてほしい――。そういう現場の叫びのようなものが聞こえてきた。

　その頃、私は開発援助の現場の人々の営みを、「プロジェクト・エスノグラフィー」というかたちでストーリー化して伝える取組みを始めていた。そして、私が国際協力の専門誌に書いていた連載をたまたま読んだ専門家は、ベレテ・ゲラの歴史についても、私が同じように記録に残すことを期待していたようだった。それは委託された調査の範囲を超えた契約外の仕事だった。しかし、ベレテ・ゲラは何かを訴えたがっていて、私はその言葉に耳を傾けてみようと思った。こうしてつながった縁により私とベレテ・ゲラの対話が始まった。

JICAに報告書を提出したあとも、私は独自に取材を続けた。さまざまな立場からプロジェクトに関わった人々の視点に着目し、それぞれの主観や思い入れなどについても、開いた姿勢で聞くように努めた。人々が人生のある一時期に大きな情熱を注いで取り組んできたことについては、それを聞く方にも全人的な知覚を動員して聞くことが要求された。

　真実は一つではなく、関わった人の思いの数だけ真実があった。集められた個別の視点、独立した事象を、一つの物語として再構築するにあたっては、「私」の視点を加えながら筋（ストーリー）をつけ、つなぎあわせられた。すると、一見、関係性がないように思えていた個別の出来事が、全体の中で新たな関連性を持って見えてきて、幅広くプロジェクトの影響や波及効果を理解することができた。

　人々の実体験に基づく「語り」にはパワーがある。読む人は、その物語の中から、自分の経験と共通するところを読み取ろうとするだろう。すると、個別の事例が個別を超えて、普遍性をもってくるようになる。

　本書は事例研究から、プロジェクトの多角的なインパクトや普遍的な教訓を引き出すための定性的な評価手法の一つのあり方を示す試みでもあった。通常の報告書には、ある決断に至った経緯が記録されていない。しかし、そこにこそ現場ならではの「知見」や「教訓」がある。

　本書執筆のため、多くの関係者の方に協力していただいた。すべての方の名前を挙げることはできないが、この場を借りてお礼を申し上げたい。また、本書の構想段階から助言をいただいたアジア経済研究所の佐藤寛

氏にお礼を申し上げたい。長年プロジェクトエスノグラフィー手法を提唱してきた佐藤氏の導きがなければ、本書は完成していなかった。

　本編の構成上、登場人物の数を限り、いくつかの立場を代表する人に登場してもらった。その人々のそれまでのライフストーリーもあわせて紹介することで、それぞれの立ち位置、行動理由となっている背景について理解を深めることができるだろう。それが、これから国際協力の仕事を目指したいと思っている若い人の参考になればと考えた。

　本書が、国際協力の実務に携わる人の日々の仕事のインスピレーションとなり、そして多くの一般読者には、遠い開発途上国での国際協力の現場について理解を深めてもらう一助になれば、この仕事をライフワークに選んだ者の一人として望外の幸せである。

2014年12月　松見　靖子

解 説

佐藤 寛（アジア経済研究所）

　エスノグラフィー（民族誌）とは、文化人類学・社会人類学が用いる質的調査手法やその記録のことで、基本的には一人の「外部者」が対象となる社会や事象を丹念に参与観察し、それを彼／彼女の視点から「再構築」する作業の成果を指す。一般的な記録・ドキュメンタリーと異なるのは「ある一人の人の視点」に基づいて読者に提示されるのであって、決して「ありのまま」をうたっていないことである。もともとは「未開社会」を対象にしていたが、近年では、統計的な分析では不十分な事象（例えばスーパーマーケットでの顧客の動き方など）を内側から質的に理解する手法として、先進国においてもさまざまな分野で応用されている。

　それを「開発援助」に応用するのが「プロジェクト・エスノグラフィー（プロエス）」である。社会人類学者が作成する「開発エスノグラフィー」と似ているが、こちらはある「社会」が開発を契機にどのように変化していくかに焦点を当てる場合が多いのに対してプロエスは一つの「プロジェクト」に焦点を当てるのが特徴である。

　プロジェクトは生き物である。開発途上国の社会の中に何らかの偶然（世界全体の流行、援助国のえり好み、途上国政府の政策の優先度、政治家の気まぐれなど）によって生み落とされたプロジェクトは、人々の生活の中で「見られ、利用され、喜ばれ、憎まれ、時にもてあそばれ」、いつか終わる（なぜなら定義によりプロジェクトは「期限限定」だから）。しかし、プロエスの視野はそこでは終わらない。プロジェクトは終わっても、人々の生活は続いていくからである。さらにいえば、プロジェクトがやってくる前から人々は生活していたのであり、プロジェクトの短期的な成否は、むしろ「プロジェクト以前」の生活に規定されることも大きい。

　だからプロエスは、プロジェクトに関連する人々（ステークホルダー）の観察、思惑、意図、迷い、戸惑いを丹念に聞き取ることによって「紡ぎ出される」。この聞き取り作業は誰にでもできる仕事ではない。プロジェクトに愛情を持つステークホルダーほど、「誇張する」ばかりでなく、「語らない」ことが増えるからだ。意図的に不都合なことを語らないのみならず、「気づいてい

ない」ので語れないことも少なくない。ある人の視点は、ほかの人の視点とは違うのだから気づかないことがあっても当然である。だから、一つのプロジェクト活動に対する評価が、同じ援助機関の中であっても180度違うことだって珍しくない。この「ベレテ・ゲラ」はその典型例である。

どんなプロジェクトも定期的に報告書を生産する。報告書はプロエスにとって重要や情報源だが、プロエスは報告書に「書かれていないこと」を見いだすことにその醍醐味がある。

ただし、プロエスは報告書にはなり得ない。なぜなら「客観性」を放棄しているからである。開発プロジェクトにおいては、人々はドナーが意図するように行動してくれるとは限らない。ドナーが木を植えてほしいと思っているのに、人々が木を切るのはこの典型例である。なぜそんなことが起こるのかを解き明かすためには、主観の積み重ねで物語を紡ぐしかないのだ。この時「誰の」主観を採用するかで、プロエスの深さが決まる。誰か一人の自慢話では、読者は辟易してしまう。松見さんは多くの時間とエネルギー（それには精神的な圧迫感と戦うことも含まれる）を費やして、多くのステークホルダーの主観を丹念に聞き取ってきた。もちろん本書で描かれているストーリーに「事実誤認だ」と言いたい関係者もいるかもしれない。しかし「そういう視点があるのだ」という気づきにつながってこそ、プロエスは将来の開発援助のより効率的、より持続的な実施に貢献することができる。JICA研究所のプロジェクトヒストリーシリーズの意図も、この点にあるのだろう。その意味で、多様な視点を織り交ぜたエスノグラフィー手法を用いた本書の意義は大きい。

「ベレテ・ゲラ」は時に官民連携のモデルといわれ、時に「ビジネス視点の活用例」と持ち上げられ多くの注目を集めてきた。しかしそれゆえに、このプロジェクトに関わってきたステークホルダーたち自身が「全体像」をつかめなくなっていたように思われる。自分が関わったそれぞれの立場からの理解はあるが、時間を越えてプロジェクトを俯瞰する視点はどの当事者にも不十分だったようだ。擬人的に言うならば、長い期間にわたり、担当者を変えながら、多くの人々のエネルギーを吸収してきたこのプロジェクト自身が、語りたくてうずうずしていたのだろう。そんなときに松見さんという「語り部」を得たベレテ・ゲラは、幸せなプロジェクトだと、私は思う。

参考文献・資料

【JICA報告書】
国際協力事業団[1998],「エティオピア国西南部地域森林保全計画調査　主報告書」, (財)農林業土木コンサルタンツ・国際航業(株).
国際協力機構[[2003],「エチオピア国ベレテ・ゲラ参加型森林管理計画　事前評価調査及び実施協議調査報告書」.
―――[2006],「エチオピア国ベレテ・ゲラ参加型森林管理計画(フェーズ1)　終了時評価報告書」.
―――[2006],「エチオピア国ベレテ・ゲラ参加型森林管理計画　フェーズ2実施協議報告書」.
―――[2008],「住民参加による自然環境保全−事例から見えてきたこと」.
―――[2009],「エチオピア国ベレテ・ゲラ参加型森林管理計画フェーズ2中間レビュー調査報告書」.
―――[2010],「エチオピア国ベレテ・ゲラ参加型森林管理計画フェーズ2終了時評価調査報告書」.
―――[2012],「アフリカ地域住民参加型自然資源管理における技術普及アプローチの分析−セネガル、マラウイにおけるPRODEFFI手法、ケニア、エチオピアのファーマーフィールドスクールの経験から」, (株)かいはつマネジメント・コンサルティング.

【専門家報告書等】
小川慎司[2008][2009],「業務完了報告書　ベレテ・ゲラ参加型森林管理計画第2フェーズ」.
柿崎芳明[2006],「専門家報告書(参加型地域社会開発/森林政策)ベレテ・ゲラ参加型森林管理計画第1フェーズ」.
杉田英二[2006],「業務完了報告書(参加型森林管理/業務調整)ベレテ・ゲラ参加型森林管理計画第1フェーズ」.
高橋康夫[2012],「専門家業務完了報告書(農村生計向上/農民組織化)　ベレテ・ゲラ参加型森林管理計画延長フェーズ」.
田中博幸[2005],「専門家業務完了報告書(村落振興)ベレテ・ゲラ参加型森林管理計画第1フェーズ」.
西村勉[2008・2009・2010],「専門家業務完了報告書(チーフアドバイザー/農村生計向上)ベレテ・ゲラ参加型森林管理計画フェーズ2」.
久田信一郎[2006],「専門家業務完了報告書(チーフアドバイザー/情報管理)ベレテ・ゲラ参加型森林管理計画第1フェーズ」.
ベレテ・ゲラ参加型森林管理計画フェーズ2[2006〜2009],『WaBuB PFM News』第1

号〜第30号.

水野昭憲[2002],「専門家業務完了報告書(生物多様性保全)ベレテ・ゲラ参加型森林管理計画第1フェーズ」.

吉倉利英[2006・2009],「専門家業務完了報告書(天然資源管理/農村開発)ベレテ・ゲラ参加型森林管理計画フェーズ2」.

【学術論文】

伊藤義将[2012],「コーヒーの森の民族生態誌−エチオピア西南部高地森林域における人と自然の関係−」『京都大学アフリカ研究シリーズ007』,松香堂書店.

小川慎司[2006],「ファーマーフィールドスクール手法の社会林業普及の導入−ケニアでの新たな取り組み−」『熱帯林業 No.65』.

萩原雄行[2013],「Farmer Field School の参加型アプローチ」『世界の農林水産 No.833』,国際農林業協働協会.

吉倉利英[2010],「エチオピアにおける森林管理組合の組織化と普及−ベレテ・ゲラ参加型森林管理計画の取り組み−」『海外の森林と林業 No.78』,国際緑化推進センター.

─────[2010],「参加型森林管理におけるファーマーフィールドスクールの効果−エチオピア国ベレテ・ゲラ参加型森林管理計画からの報告−」『海外の森林と林業 No.79』,国際緑化推進センター.

【一般書籍】

大野泉[2011],『開発プロジェクトをBOPビジネスにつなげる』in「BOPビジネス入門〜パートなシップで世界の貧困に挑む」,中央経済社.

岡田登志(編著)[2007],『エチオピアを知るための50章』,明石書店.

小田博志[2010],『エスノグラフィー入門 ＜現場＞を質的研究する』,春秋社.

国際開発学会・佐藤寛(編)[2014],『国際協力用語集第4版』,国際開発ジャーナル社.

佐藤寛[2005],『開発援助の社会学』,世界思想社.

白鳥くるみ[2009],『原木のある森 コーヒーのはじまりの物語 エチオピア コーヒー伝説』,アフリカ理解プロジェクト.

地球の森林を考える会(編)[1993],『みどりの国際協力に取り組む JICA専門家たちの記録』,山と渓谷社.

森光宗男[2012],『モカに始まり』,手の間文庫.

【英語文献】

CIP-UPWARD[2003], 'Farmer Field Schools: From IPM to Platforms for Learning and Empowerment',International Potato Center, Philippines.

FAO[2002], 'From Farmer Field School to Community IPM − Ten Years of IPM Training in Asia',FAO, Bangkok.

FAO[2010], 'Global Forest Resources Assessment 2010',FAO, Roma.

Gallagher, K.[2002], 'Common Questions, Answers and Suggestions on Farmer Field Schools', Discussion Paper on International Learning Workshop on Farmer Field School (FFS)', *Emerging Issues and Challenges*, pp.21-25 October, Yogyakarta, Indonesia.

Gallagher, K.[2003], 'Fundamental Elements of a Farmer Field School', *LEISA Magazine*.

Hylander K, Nemomissa S, Delrue J, Enkosa W.[2013], 'Effects of coffee management on deforestation rates and forest integrity', *Conservation Biology*.

Kisa, G.,[2002], 'Training Guide on the Farmers Field School Methodology – Approach and Procedure'.

Mulugeta L., Alemayehu N.[2012], 'A Study on the Process, Progress and Impacts of Belete-Gera Participatory Forest Management Project'.

Takahashi, Ryo and Yasuyuki Todo,[2012], 'Impact of Community-Based Forest Management on Forest Protection: Evidence from an Aid-funded Project in Ethiopia', *Environmental Management*, 50(3),pp. 396-404, [IF: 1.744].

Takahashi, Ryo and Todo, Yasuyuki,[2013], 'The Impact of a Shade Coffee Certification Program on Forest Conservation: A Case Study from a Wild Coffee Forest in Ethiopia', *Journal of Environmental Management*, 130, pp.48-54, [IF: 3.057].

Todo, Yasuyuki and Ryo Takahashi,[2013], 'Impact of Farmer Field Schools on Agricultural Income and Skills: Evidence from an Aid-Funded Project in Rural Ethiopia', *Journal of International Development*, 25(3), pp.362-381, [IF: 0.878].

United States Department of Agriculture Foreign Agriculture Service[2014], 'Ethiopia Coffee Annual Report' GAIN Report Number:ET1402', *US Department of Agriculture*, Global Agriculture Information Network.

Yoshikura T.,[2009], 'WaBuB Farmer Field School Impact Assessment Report'.

※本書に関連する写真・資料の一部は、独立行政法人国際協力機構(JICA)のホームページ「JICAプロジェクト・ヒストリー・ミュージアム」で閲覧できます。
URLはこちら:
https://libportal.jica.go.jp/fmi/xsl/library/public/ProjectHistory/EthiopiaBeletegera/Beletegera-p.html

[著者]

松見　靖子(まつみ　やすこ)

　上智大学外国語学部卒業。民間企業に就職後、英国ランカスター大学大学院で環境政策を学ぶ。エリトリア農業省でのボランティアなどを経て、国連食糧農業機関（FAO）に勤務。国際協力機構（JICA）のタイ、エジプト事務所企画調査員。エチオピア半乾燥地ファームフォレストリー普及専門家などを務める。
　主な著作は『アスマラ発　地球にやさしい!? ボランティア日記』（「月刊アフリカ」連載、1995-96 年)、『エスノグラフィーで読む　人々がつなぐ国際協力』（「国際開発ジャーナル」連載、2011-12 年）など。

森は消えてしまうのか？
エチオピア最後の原生林保全に挑んだ人々の記録（プロジェクト・エスノグラフィー）

2015年2月10日　第1刷発行

著　者：松見靖子

発行所：佐伯印刷株式会社　出版事業部
　　　〒151-0051 東京都渋谷区千駄ヶ谷5-29-7
　　　TEL 03-5368-4301
　　　FAX 03-5368-4380

編集・印刷・製本：佐伯印刷株式会社

ISBN978-4-905428-50-3　Printed in Japan
落丁・乱丁はお取り替えいたします